Prabhu Rajarathinam
Meenakshi Ganesan

# Variação no painço para tolerância à salinidade e marcadores de ADN

Prabhu Rajarathinam
Meenakshi Ganesan

# Variação no painço para tolerância à salinidade e marcadores de ADN

## Os Intrínsecos da Eleusina

ScienciaScripts

**Imprint**



Cover image: www.ingimage.com

This book is a translation from the original published under ISBN 978-3-659-89355-1.

Publisher:
Sciencia Scripts
is a trademark of
Dodo Books Indian Ocean Ltd. and OmniScriptum S.R.L publishing group

120 High Road, East Finchley, London, N2 9ED, United Kingdom
Str. Armeneasca 28/1, office 1, Chisinau MD-2012, Republic of Moldova, Europe
Managing Directors: Ieva Konstantinova, Victoria Ursu
info@omniscriptum.com

Printed at: see last page
**ISBN: 978-620-8-59994-2**

# ÍNDICE

# RECONHECIMENTO

*Gostaria de oferecer uma oração de agradecimento ao* ***Todo-Poderoso*** *por ser a minha luz orientadora e por me ter abençoado. Agradeço-lhe por me ter dotado da máxima força e paciência para combater todos os obstáculos que se colocaram no caminho da realização desta tarefa.*

*Considero que é um grande prazer e privilégio registar o meu profundo sentimento de gratidão, o meu endividamento e os meus sinceros agradecimentos à minha presidente,* ***a Dra. N. Meenakshi Ganesan,*** *Professora (UG Botânica), Centro de Reprodução e Genética de Plantas, Universidade Agrícola de Tamil Nadu, Coimbatore, por ter dado uma orientação incessante, cooperação, conselhos eficazes e sugestões valiosas ao longo da investigação e na preparação deste manuscrito.*

*É com imenso prazer que quero exprimir a minha gratidão aos membros do comité consultivo,* ***Dr. M. Maheswaran,*** *coordenador do PG, CPBG e* ***Dr. R. Gnanam,*** *Professor, CPMB, pelos seus comentários construtivos, sugestões inestimáveis e encorajamento eterno relativamente à versão preliminar deste estudo.*

*Registo a minha estima e os meus sinceros agradecimentos a todos os* ***professores*** *que inspiraram, orientaram e encorajaram a realização do meu trabalho de investigação. A minha missão estaria incompleta se não agradecesse aos meus* ***colegas,*** *aos meus* ***amigos seniores*** *e* ***juniores*** *pelo seu afeto ilimitado, pelo seu encorajamento eterno e pela sua ajuda sempre disponível e apoio moral na participação deste trabalho.*

*Chegou o momento de manifestar o meu amor genuflexo e a minha afectuosa gratidão aos meus queridos pais,* ***Sr. R. Rajarathinam*** *e* ***Sra. R. Shanthi,*** *ao meu irmão,* ***Sr. R. Balaji, à*** *minha cunhada,* ***Sra. B. Buvana,*** *à minha irmã,* ***Sra. M. Priya****, ao meu tio,* ***Sr. P. Muhunthan,*** *e aos seus filhos, que foram a fonte da minha força através das suas fervorosas orações e do seu encorajamento em todas as fases dos meus estudos.*

*A omissão de nomes não significa falta de gratidão. O fim é inevitável para todo o bom trabalho e é altura de terminar o reconhecimento.*

***(R. Prabhu)***

# CAPÍTULO 1

# INTRODUÇÃO

O painço-dedo ou Ragi *(Eleusine coracana* (L.) Gaertn.) 2n = 4x = 36, é uma cultura de pobres, originária da Etiópia (Vavilov, 1951). Pertence à tribo Chloridae da família Poaceae. O milho painço é o principal alimento de milhões de pessoas nas terras secas da África Oriental e Central e do Sul da Índia. O milheto é o terceiro mais importante entre os milhetos no país, em termos de área e produção, depois do sorgo e do milheto.

O Grupo Consultivo para a Investigação Agrícola Internacional (CGIAR) estimou que 10 por cento da área cultivada com painço é de painço-dedo. A área mundial cultivada com milho painço é de 3,38 milhões de hectares, com uma produção de 3,76 milhões de toneladas (FAO, 2007). Na Índia, ocupa cerca de 1,58 milhões de hectares, com uma produção de 2,25 milhões de toneladas e uma produtividade de 1421 kg por hectare. Os principais Estados produtores de milho-miúdo são Karnataka (59,6%), seguido de Uttrakhand (9,3%), Maharashtra (8,6%), Tamil Nadu (6,3%), Andhra Pradesh (4,2%), Orissa (4,1%), Gujarat (1,5%), Jharkhand (1,3%) e Bihar (1,1%) (Direção de Economia e Estatística, GI, 2005-06). A produtividade do milho painço é mais elevada em Tamil Nadu (1878 kg), seguida de Karnataka (1858 kg), Puducherry (1804 kg), Uttar Pradesh (1387 kg), Andhra Pradesh (1225 kg) e Uttrakhand (1214 kg). Em Tamil Nadu, é cultivada em 0,94 lakh hectares, com uma produção de 1,76 lakh toneladas e uma produtividade de 1878 kg por hectare (Departamento de Economia e Estatística, Chennai, 2007-08).

O painço-dedo é vulgarmente designado por "painço nutritivo", uma vez que os grãos são nutritivamente superiores a muitos cereais, fornecendo uma quantidade razoável de proteínas, minerais, cálcio e vitaminas em abundância às pessoas. A proteína do milho painço é considerada "biologicamente completa", como no caso do leite. O teor médio de nutrientes importantes do milho painço por 100 g é de 7,3 g de proteínas, 1,3 g de gordura, 72 g de hidratos de carbono, 2,7 g de minerais, 3,44 g de cálcio, 3,6 g de fibras, 2,83 g de fósforo e 328 kcal de energia. (Rai e Mauria, 1999). O milho painço tem um melhor perfil nutricional em termos de minerais e aminoácidos essenciais do que o milho (National Research Council, 1996). As sementes de painço-dedo são particularmente ricas em triptofano, cistina, metionina e aminoácidos aromáticos totais em comparação com outros cereais (Kurien *et al.*, 1959).

O milho painço é o principal cereal alimentar de muitas populações, especialmente nas zonas secas da Índia e do Sri Lanka. É geralmente convertido em farinha e transformado em bolos, pudins ou papas. A palha é uma forragem valiosa tanto para os animais de trabalho como para os animais leiteiros. Uma bebida fermentada ou cerveja é feita a partir do grão. O grão pode também ser maltado e utilizado como alimento nutritivo para bebés. O painço é considerado um alimento especialmente saudável para os diabéticos. O sumo das folhas tem sido dado às mulheres durante o parto, e a planta é considerada diaforética, diurética e vermífuga. O ragi é um remédio popular para a lepra, doenças do fígado, sarampo, pleurisia, pneumonia e varíola.

Na Índia, a superfície de milho miúdo diminuiu de 2,5 milhões de hectares no final da década de 1980 para 1,6 milhões de hectares (Sumathi *et al.,* 2005). A área de milho-miúdo está a ser substituída por outras culturas comparáveis e concorrentes, como o milho e a soja. Tendo em conta o aumento da procura de milho painço para fins alimentares e a diminuição da área devido a culturas concorrentes, há uma necessidade imediata de melhorar geneticamente a produtividade do milho painço.

Num contexto mais amplo, o stress ambiental é um dos principais factores responsáveis pelos actuais problemas ambientais globais. Já na fase inicial da agricultura moderna se reconhecia a importância do ambiente para a distribuição e adaptação das culturas. Na Índia, os solos problemáticos ocupam 10 milhões de hectares, incluindo solos salinos de 7,2 milhões de hectares e solos alcalinos de 2,8 milhões de hectares. Os solos problemáticos são mais elevados em Uttar Pradesh, Bihar, Rajasthan, Madhya Pradesh e seguidos por Orissa, Andhra Pradesh, Tamil Nadu e Karnataka (Biswas e Mukherjee, 1997). Em Tamil Nadu, os solos afectados pelo sal estão muito espalhados em quase todos os distritos e cerca de 3 lakh hectares de terra são afectados pela salinização e sodicidade do solo (alcalinidade em 2 lakh hectares e salinidade em 1 lakh hectares). Os distritos onde os solos problemáticos são mais prevalecentes são Chengalpattu, Salem, Thanjavur, Tiruchy, North Arcot, Thirunelveli, Dharmapuri e Ramanathapuram (Vadivel *et al.,* 2001).

Para a utilização de terras salinas, é essencial gerir a salinidade ou cultivar culturas e suas variedades resistentes à salinidade. A recuperação de solos salinos é um processo moroso e dispendioso. Por conseguinte, é urgentemente necessário identificar culturas e respectivos genótipos que resistam à salinidade. A salinidade é um dos riscos de stress mais comuns e ocorre sobretudo em regiões áridas e semi-áridas (Abrol, 1986), embora também exista em algumas zonas sub-húmidas e em terras costeiras. O painço-dedo, com muitas cultivares cultivadas em zonas semi-áridas, tem atraído o interesse da investigação no que respeita à sua resistência ao stress salino. Assim, algumas cultivares indianas de painço-dedo têm sido objeto de estudos sobre o stress salino na germinação, crescimento e rendimento de grãos (Onkware, 1993).

A diversidade genética é normalmente avaliada por traços morfológicos comuns. No entanto, esses caracteres são afectados pelos efeitos do ambiente, do estádio de desenvolvimento da planta e do tipo de material vegetal, sendo também necessárias várias repetições para estabelecer as contribuições genotípicas. Por conseguinte, é necessário recorrer a um método altamente fiável e preciso para avaliar a variabilidade genética sem efeitos ambientais. A avaliação da diversidade genética através de marcadores moleculares resolve este problema. A utilização de marcadores moleculares permite a avaliação direta da variação genotípica ao nível do ADN. A análise de marcadores ajuda a compreender a composição genética dos acessos e permite também analisar a organização global da diversidade genética numa espécie. Estão disponíveis várias técnicas estatísticas para a análise da diversidade genética utilizando dados de impressões digitais de ADN.

Tendo em conta a importância do milho painço como alimento e a sua capacidade geral de resistir à salinidade, o presente estudo foi realizado com uma coleção de quarenta genótipos com os seguintes objectivos.

1. Avaliar uma série de genótipos de painço para tolerância à salinidade em condições *in vitro.*

2. Avaliar a extensão da divergência genética entre os genótipos utilizando marcadores ISSR e SSR.

# CAPÍTULO 2

# REVISÃO DA LITERATURA

O milheto *(Eleusine coracana* (L.) Gaertn.) é uma das principais culturas alimentares das regiões tropicais semiáridas da Ásia e de África e tem sido uma componente indispensável do sistema agrícola de sequeiro. Atualmente, 55 a 60 por cento da cultura do milho painço é cultivada na África Austral e Central e o restante é produzido na Índia (Rao e Mushonga, 1985). A Índia é o maior produtor de milho painço na Ásia e no mundo. É um importante cereal de base, a seguir ao milheto-pérola *(Pennisetum glaucum)*, na Índia. É cultivado principalmente como cultura de sequeiro na Índia em diversos ambientes de produção. A cultura é produtiva numa vasta gama de ambientes e condições de crescimento que vão desde os Himalaias no Nepal, à Índia e às zonas de altitude média da África Oriental e Austral (Holt, 2000). A ampla adaptabilidade da cultura pode ser atribuída à sua natureza $_{C4}$.

## 2.1. Origem, evolução e distribuição

A domesticação de *E. coracana* começou por volta de 5.000 anos a.C. no Uganda ocidental e nas terras altas da Etiópia e a cultura chegou aos ghats ocidentais da Índia por volta de 3.000 a.C. (Mehra, 1963a; Hilu e De Wet, 1976a; Hilu *et al.,* 1979). Citogeneticamente, *a E. coracana* é considerada um alotetraplóide, proveniente de um cruzamento entre duas espécies diplóides selvagens. Sugere-se que os dois dadores de genoma possam ser de um grupo de espécies diplóides, *E. indica, E. floccifolia, E. intermedia, E. tristachya* e *E. verticillata,* todas com número cromossómico 2n = 18 (Mehra, 1963b; Chennaveeraiah e Hiremath, 1974; Hilu e De Wet, 1976b e Hiremath e Salimath, 1992).

O género *Eleusine* é composto por dez gramíneas anuais ou perenes. Estas ocorrem normalmente nas regiões quentes do velho mundo, particularmente no sul da Ásia e na África Oriental e Central. No entanto, *a E. indica* tem uma ampla distribuição na Europa e também no Novo Mundo. O termo *Eleusine* deriva de Eluesis, uma antiga cidade épica sagrada para Deméter, a divindade grega que preside à agricultura. O termo *coracana* deriva de kurukkan, o nome cingalês para este grão. Os primeiros botânicos (De Candolle, 1986; Watt, 1908) e os botânicos posteriores (Mann, 1946, 1950; Narayanaswami, 1952) sugeriram uma provável origem indiana para o milho painço.

## 2.2. História do milho painço

Os autores anteriores mencionam que os monumentos antigos do Egito não contêm vestígios do seu cultivo em épocas anteriores e que os primeiros autores gregos e romanos não o referem. Na Índia, o finger millet é mencionado por escritores sânscritos e referido como finger millet ou rajika. Burkhill (1935) sugeriu que *a E. coracana* é a cultivar da espécie selvagem *E. indica* (L.) Gaertn. e que a sua seleção precoce pelo homem parece ter ocorrido na Índia, uma vez que (a) é cultivada há muito tempo nesse país; (b) tem um nome sânscrito, finger millet; (c) estava provavelmente na Índia quando os arianos aí chegaram e (d) a sua propagação em África de leste para oeste sugere a sua introdução a partir do leste. Werth (1937) considera que *a E. coracana* é originária da Índia, de onde se propagou através da Arábia, da Abissínia e para o resto de África.

## 2.3. Botânica, Taxonomia e Genética

O painço-dedo, um alotetraplóide altamente autofecundado derivado do progenitor tetraploide selvagem *E. coracana* subsp. *Africana,* é uma gramínea anual com caules erectos, com cerca de 60-120 cm de altura ou comprimento e perfilhamento abundante. As plantas estão frequentemente alojadas ou prostradas com um sistema radicular fibroso e notavelmente forte, permeando o solo em profundidade. Inflorescências dispostas em espiral de 2-8 com espigas curvas de 12,5-15 cm de comprimento, cerca de 1,3 cm de largura e espiguetas de cerca de 70, dispostas alternadamente na ráquis. Cada espigueta contém 4-7 sementes, que variam de 1-2 mm de diâmetro. O fruto é conhecido como Utrículo, quase globoso a algo achatado, liso, castanho-avermelhado a quase branco ou preto.

Com base na compacidade e na forma da inflorescência, o germoplasma de milho-miúdo é classificado em raças e sub-raças. A espécie *E. coracana* consiste em duas subespécies *africana* e *coracana.* A subespécie *africana* é constituída por duas raças selvagens *africana* e *spontanea;* e a subespécie *coracana* é constituída por quatro raças cultivadas, nomeadamente *elongata, plana, compacta* e *vulgaris.* Cada uma destas raças é ainda classificada em sub-raças. A raça *elongata* tem três sub-raças: *laxa, reclusa* e *sparsa;* a raça *plana* também é constituída por três sub-raças: *seriata, confundere* e *grandigluma;* a raça *compacta* não tem sub-raça, enquanto a raça *vulgaris* tem quatro sub-raças*: liliacea, stellata, incurvata* e *digitata* (Rao *et al.,* 1993).

A notação genómica de AABB é proposta para *E. coracana* e *E. africana* (Chennaveeraiah e Hiremath, 1974). As espécies diplóides são consideradas fontes potenciais de contribuintes para o genoma destas espécies poliplóides (Mehra, 1963b; Hilu, 1988; Hiremath e Salimath,

1992). A análise citogenética dos híbridos e a análise de restrição do ADN do cloroplasto de espécies diplóides e poliplóides mostraram que *E. indica* é o dador do genoma A para *E. coracana* (Hilu, 1988 e Hiremath e Salimath, 1992), enquanto o dador do genoma B pode ser *E. floccifolia* ou *E. tristachya* (Hilu e De Wet, 1976a). Os relatos anteriores de uma relação genética entre *E. coracana* e as espécies diplóides baseavam-se principalmente em estudos de reprodução e citogenéticos de híbridos e em alguns estudos moleculares (Chennaveeraiah e Hiremath, 1974; Hiremath e Chennaveeraiah, 1982; Hilu, 1988; Hilu e Johnson, 1992; Hiremath e Salimath, 1992).

## 2.4. Valor nutritivo do milheto

De acordo com uma estimativa recente, mais de 3 mil milhões de pessoas em todo o mundo sofrem de deficiência de Zn e Fe (Shankar *et al.*, 2006). Há cada vez mais provas e uma reorganização de que as deficiências crónicas de micronutrientes representam um fardo impressionante de doenças e mortes, mesmo em pessoas aparentemente saudáveis. As carências de vitamina A, ferro e zinco são as principais causas de vários riscos para a saúde das crianças e dos adultos. Entre os oligoelementos, o ferro e o zinco presentes nas partes comestíveis das plantas são muito inferiores ao nível necessário para a nutrição humana. Foram feitas tentativas para melhorar o estado do ferro nalgumas culturas, mas as tentativas feitas em relação ao zinco são muito limitadas. Cerca de 49% da população mundial não cumpre a dose recomendada, o que provoca uma deficiência de zinco. A transformação do milho painço (maltagem, trituração, germinação e inchaço) reduz os factores anti-nutricionais, resultando numa melhor disponibilidade de micronutrientes (Rao e Deosthale, 1983).

Entre os painços, o painço-dedo contém quantidades elevadas de ferro (Ramachandra *et al.*, 1977), que variam entre 4,2 e 8,47 por cento. A fraca disponibilidade (representada pelo baixo teor de ferro ionizável) nas variedades castanhas deve-se ao seu elevado teor de taninos, que afecta negativamente a qualidade nutricional dos grãos (Udayasekhara e Deosthale, 1988). Kamalanathan *et al.* (1971) registaram uma média de 12 mg/100 g no painço de sementes brancas, enquanto as sementes castanhas registaram uma média de 17 mg/100 g. O zinco é um constituinte importante de várias enzimas. Foram efectuados vários estudos e verificou-se que o teor de Zn variava muito em função da utilização dos genótipos.

## 2.5. Estudos de tolerância ao stress salino

A salinidade do solo é um dos principais stresses abióticos que afectam o crescimento e a produtividade de culturas importantes em todo o mundo. Cerca de 6,5% (831 milhões de ha) da área total do mundo (12,78 mil milhões de ha) é afetada pelo sal nos solos (FAO, 2007). A área sob stress salino está a aumentar devido a muitos factores, incluindo as alterações climáticas, a subida do nível do mar, a irrigação excessiva sem drenagem adequada nas terras interiores, as rochas subjacentes ricas em sais nocivos, *etc.* Vastas áreas de terra não são utilizadas devido a problemas de salinidade e alcalinidade. O painço é uma cultura de grande valor económico nos países tropicais e subtropicais do mundo, onde a salinidade é um problema cada vez maior.

A salinização é um processo de acumulação de sais solúveis na superfície dos solos na proximidade das raízes. O stress da salinidade foi simplesmente definido como a presença de uma concentração excessiva de sais solúveis que suprime o crescimento das plantas (Man e Nieman, 1978). A concentração excessiva de sais na solução do solo diminui o potencial hídrico da água do solo e, assim, reduz a disponibilidade de água para as plantas, afectando processos metabólicos vitais como a fotossíntese (Downton, 1977), sob tal situação, embora a água esteja presente no solo, a planta mostra frequentemente murchamento e esta situação é chamada de seca fisiológica. Uma quantidade elevada de NaCl nos meios de cultura pode levar a deficiências de nutrientes essenciais como o fosfato ou o nitrato (Munns e Termaat, 1986).

O milheto é diferentemente afetado pela salinidade em diferentes fases. As plantas cultivadas em condições de stress apresentam um crescimento detido em várias partes. Verificou-se que os efeitos da salinidade no crescimento estão relacionados com a fase de desenvolvimento da planta, a concentração de sal, o tipo de sal, a duração da exposição ao sal, o pH do solo, o regime hídrico, a temperatura, a humidade e a radiação solar (Akbar, 1986). O painço-dedo é relativamente tolerante à salinidade e à alcalinidade durante a fase de germinação. A germinação, embora afetada pela salinidade, pode ser consideravelmente superada nas fases posteriores (Akbar e Yabuno, 1974).

O desenvolvimento de variedades resistentes ao sal foi proposto como um meio de expandir a agricultura para as regiões afectadas pela salinidade (Epstein, 1980). A criação de variedades de milho painço com tolerância ao sal incorporada é considerada a abordagem mais promissora, menos consumidora de recursos, economicamente viável e socialmente aceitável. A tolerância ao sal é uma caraterística multigénica que permite que as plantas cresçam e mantenham o rendimento económico na presença de níveis de sal não fisiologicamente elevados e relativamente constantes, em particular o NaCl (Hurkman, 1992). Em Tamil Nadu, a área cultivada na região costeira é de cerca de 0,68 milhões de hectares, dos quais 30% são solos problemáticos e 21,7% são solos salinos, o que indica uma vasta área de solos alcalinos e salino-alcalinos (Ali *et al.*, 1999).

As abordagens convencionais não são apenas complicadas, mas também demoradas. A gravidade do problema exige a utilização de técnicas biológicas modernas para o melhoramento das culturas. A cultura de tecidos, sendo uma das técnicas mais importantes, está a ser utilizada como instrumento de melhoramento em diferentes culturas. As técnicas de cultura de células e tecidos vegetais oferecem uma ferramenta potente para o desenvolvimento de linhas tolerantes ao sal (Stavarek e Rains, 1984). Durante os últimos anos, a técnica de cultura de tecidos ganhou importância na produção de plantas com melhor tolerância ao sal através da seleção de linhas de células tolerantes ao sal e da sua subsequente regeneração.

Um requisito para o melhoramento para a tolerância ao sal é que exista variação genética para o carácter no conjunto de genes. Essa variação pode ocorrer entre variedades individuais ou mesmo entre espécies que tenham algum grau de compatibilidade sexual, de modo que os genes possam ser transferidos de um indivíduo para outro (Shannon, 1997). A germinação das sementes é a fase mais crítica e sensível ao stress da salinidade. Uma germinação deficiente em solos salinos leva a uma cultura pobre e, por conseguinte, a uma baixa produtividade. Verificou-se que o aumento dos níveis de salinidade reduz a germinação em genótipos de trigo, cevada, triticale e milho-miúdo (Sharma, 1993; Ayman, 1995 e Ram, 1996).

Hayward e Bernstein (1958) referiram que a fase de plântula do arroz é a fase mais sensível à salinidade. Pearson *et al.* (1966) verificaram que a altura das plântulas foi significativamente reduzida pela salinidade. Kaliappan *et al.* (1967) observaram uma redução da germinação do milheto devido à salinidade.

Kaliappan e Rajagopal (1968) avaliaram o efeito da salinidade na duração e no desenvolvimento do grão de milho painço com cinco tratamentos: água da chuva (controlo), 2000, 4000, 6000 e 8000 ppm de cloretos de sódio e cálcio. Foram experimentadas três variedades de milho painço: CO 7, CO 8 e ECW 840. A variedade ECW 840 foi muito afetada pela salinidade e a CO 7 foi a menos afetada. A fixação do grão diminuiu progressivamente devido ao aumento dos níveis de salinidade. Todas as três variedades foram influenciadas pela salinidade e resultaram na redução da fixação dos grãos.

Steward e Lee (1974) sugeriram que a capacidade das espécies vegetais para acumular prolina está correlacionada com a sua tolerância ao sal e que a prolina actua como um osmótico intercelular. Também se especulou que a prolina poderia servir como fonte de N, para o crescimento e a sobrevivência em condições salinas, induzindo assim a resistência à salinidade em cultivares de arroz. Bal (1974) afirmou que a prolina, acumulada em condições de stress osmótico, fornece energia para o crescimento e a sobrevivência em condições salinas, induzindo assim a resistência ao sal em variedades de arroz.

Jennings (1976) registou um aumento da suculência em resposta à salinidade em plantas monocotiledóneas. Mathan e Rao (1982), em ensaios em vasos com painço cultivado em dois tipos de solo ácidos e deficientes em Mg, a absorção de Mg aumentou com a cal na ausência de Mg aplicado, mas diminuiu na sua presença.

A influência da irrigação com água salina (1 a 16 mmhos/cm) na germinação e no rendimento do milheto foi estudada durante três épocas de rabi em solos leves por Sarma *et al.* (1983). Quando se utilizou água salina de 4 mmhos/cm, verificou-se que era necessário um aumento de 25% na taxa de sementes para compensar a perda de população. O aumento da salinidade da água diminuiu a germinação, a taxa de infiltração e o rendimento do milheto.

A taxa de infiltração diminuiu de 6,0 cm/h para 3,0 cm/h à medida que a CE da água de irrigação aumentou de 1 para 16 mmhos/cm. A redução no rendimento do milheto não excedeu 52 por cento quando irrigado com água salina de EC 8 mmhos/cm. Sugeriram que a cultura do milheto pode ser cultivada satisfatoriamente utilizando água salina com CE até 4 mmhos/cm em solos leves de regiões costeiras. A CE do solo aumentou de 0,85 para 3,40 mmhos/cm à medida que a CE da água irrigada aumentou de 1 para 16 mmhos/cm.

Stark (1985) referiu que o crescimento precoce do arroz não estava relacionado com a tolerância ao sal medida pelo rendimento de grãos, mas a relação entre rebentos e raízes (baixa nas variedades resistentes) e o teor de matéria seca (elevado nas variedades resistentes) estavam relacionados com a tolerância ao sal. Krishnamurthy *et al.* (1988) observaram uma menor redução da área foliar total nos genótipos tolerantes em comparação com a das variedades susceptíveis de arroz.

Ramayya *et al.* (1987) encontraram decréscimos lineares nos rendimentos de painço, girassol e amendoim com o aumento da salinidade da água de irrigação de 1 para 2, 4, 6, 8, 12 e 16 dS/m. O painço-dedo foi mais tolerante na estação *Kharif* do que na estação *Rabi*.

Balakrishnan *et al.* (1988) conduziram estudos com painço num solo alcalino (pH 10.3) EC 4.2 mmhos/cm e observaram que o transplante de plântulas com 18 e 25 dias de idade a 2-4 plântulas/hill aumentou o perfilhamento e o peso de 1000 grãos e deu rendimentos de grãos de 2.92 a 4.03 t/ha comparado com 1.24 a 1.54 t/ha para culturas semeadas a lanço ou em linhas no solo alcalino. Os rendimentos foram mais elevados com três plântulas/hill, independentemente da idade das plântulas.

Krishnamurthy *et al.* (1988) observaram uma taxa mais elevada de acumulação de poliaminas em variedades tolerantes ao sal e esta acumulação foi consistentemente associada à tolerância ao sal no arroz. Gill e Singh (1988) estudaram a recuperação do crescimento do stress salino durante a fase inicial das plântulas de arroz.

Abraham *et al.* (1989) relataram a existência de variabilidade genética e associação de caracteres de rendimento e seus componentes no milheto num solo ácido de Meghalaya. O PCV e o GCV foram elevados para perfilhos efectivos/planta, rendimento de grão/planta, peso de 1000 grãos e número de dedos/ano. A hereditariedade de sentido lato foi elevada para os dias até à maturidade (99,5%), dias até cinquenta por cento de floração (97,7%), dedos/colmo (83,3%) e peso de 1000 grãos (98,1%). O avanço genético foi elevado para o rendimento de grãos/planta (56,3%), peso de 1000 grãos (39,7%) e dedos/espiga (33,9%). O rendimento de grãos foi significativamente e positivamente correlacionado com dias para cinquenta por cento de floração, dias para maturidade, perfilhos efetivos/planta e peso de 1000 grãos.

Vários autores relataram uma diminuição do teor de clorofila total em plantas cultivadas em meios salinos (Nieves e Botella, 1991) e atribuíram esta diminuição a um aumento do teor de água (suculência), especialmente em caso de salinidade de cloreto.

Bay *et al.* (1992) afirmaram que, nas variedades sensíveis ao sal, o sódio é acumulado à custa do potássio, que é evitado pelas variedades resistentes ao sal através de um processo osmoregulatório. Taneja *et al.* (1992) observaram um declínio progressivo no conteúdo relativo de água (RWC) com o aumento da salinidade. A diminuição do RWC pela salinidade foi compensada pela diminuição do potencial osmótico através de um aumento nos sólidos solúveis totais e, assim, o potencial de pressão foi mantido.

Kannan e Oblisami (1992) cultivaram milho (Co 1), milheto (Co 11), feijão-frade (Co 4) e algodão (MCU 5), em copos contendo 200g de solo argiloso vermelho regado com 0, 25, 50, 75 (ou) 100 por cento de concentração de efluentes combinados de fábricas de papel e polpa ou com o efluente após tratamento aeróbico. Os efluentes tratados não afectaram a germinação das sementes em nenhuma espécie, enquanto os efluentes brutos não diluídos diminuíram a germinação no painço, no feijão-frade e no algodão. O efluente bruto diminuiu o crescimento e o vigor das plântulas de milho, feijão-frade e algodão, enquanto o crescimento do milheto foi o mais elevado com 75% de efluente. O efluente tratado aumentou o crescimento e o vigor das plântulas em todas as espécies. As concentrações óptimas foram de 100, 75, 50 e 25 por cento no milho, painço, feijão-frade e algodão, respetivamente.

Jagadev e Jena (1993) sugeriram que a maioria das cultivares toleraria níveis de salinidade de até 11 dS/m. Gupta (1993) verificou que o crescimento das raízes era afetado ou não afetado de forma variada pelos níveis de salinidade no arroz, um efeito mais notório nos genótipos susceptíveis.

Onkware (1993) efectuou estudos de germinação de milho painço em diferentes níveis de salinidade. As sementes de duas cultivares, Enakuru e Ekalakala-1, foram germinadas na presença de 0,0, 0,4, 0,8 (ou) 1,2 S/m de NaCl. Nas experiências em vaso, as cv. Enakuru e Ekalakala-1 foram cultivadas em solo argiloso não salino e irrigadas com as mesmas concentrações de sal que as anteriores. O peso de mil grãos, a 0,1 S/m, foi de 3,6g para Enakuru e 2,6g para Ekalakala-1, diminuindo com o aumento da salinidade para 1,7 e 1,6g, respetivamente, a 1,2 S/m. A germinação teve lugar pela primeira vez 48 horas após a imersão, com a percentagem de germinação a aumentar com o tempo. A percentagem de germinação em diminuiu com o aumento da salinidade, com Ekalakala-1 a ter uma percentagem de germinação mais elevada do que Enakuru. A atividade da alfa-amilase foi a mais elevada às 48 horas nos tratamentos de 0,0 e 0,4 S/m. A 0,8 S/m, a atividade foi semelhante às 48 e 72 horas e a 1,2 S/m, a atividade foi a mais elevada às 96 horas após a imersão.

Torres e Echevarria (1994) observaram que o crescimento das plântulas foi reduzido com o aumento da concentração de NaCl no arroz.

Rizwan *et al.* (1994) expuseram *Sesbania aegyptica, Sesbania aculeata, Eleusine coracana* e sorgo a níveis de salinidade de 5, 10, 15 ou 20 dS/m numa experiência em vaso. O peso seco dos rebentos diminuiu com o aumento do nível de salinidade em todas as espécies. *Sesbania aegyptica* e *Sesbania aculeata* foram as espécies mais tolerantes à salinidade. A concentração de Na e Cl nas folhas aumentou e a concentração de K e Ca diminuiu com o aumento da salinidade.

Uma *et al.* (1995) encontraram diferenças acentuadas entre 28 genótipos de milheto para a tolerância adquirida ao stress osmótico, avaliada pela recuperação do crescimento radicular após stress severo de -1,2 MPa de polietilenoglicol (PEG) ou 400 mM de NaCl. As diferenças na tolerância foram observadas apenas quando as plântulas foram submetidas ao stress de indução suave anterior de -0,6 MPa PEG ou 200 mM NaCl. As proteínas de stress foram estimadas e correlacionadas com a variação observada na tolerância adquirida de dois dos genótipos, a *saber,* GE 415 e VL 481.

A salinidade dominada por cloreto revelou-se mais prejudicial para a germinação das sementes e o crescimento das plântulas, como indicado pela redução relativamente maior da percentagem de germinação, comprimento da radícula e do coleóptilo (Sharma *et al.,* 1996). Isto pode dever-se à falta de mobilização de materiais alimentares armazenados do endosperma para o eixo do embrião.

Khan *et al.* (1997a) observaram uma diminuição da germinação, especialmente da velocidade de germinação do arroz. Khan *et al.* (1997b) referiram que a altura das plantas, a área foliar verde, o peso das folhas, o crescimento dos rebentos e das raízes foram seriamente reduzidos pela salinidade. No entanto, a área foliar diminuiu mais do que outros parâmetros de crescimento.

Powar e Mehta (1997) observaram que o comprimento da raiz diminuía significativamente com o aumento da salinidade. Geetha e Vembu (1998) trataram sementes de *Eleusine coracana* com concentrações de 0, 10, 25, 50, 75 e 100 por cento de efluentes de curtumes. A percentagem e a taxa de germinação, o índice de vigor, o índice de tolerância, a percentagem de fitotoxicidade e o comprimento dos rebentos e das raízes diminuíram com o aumento da concentração de efluentes. Os teores de clorofila total, carotenóides, açúcares, amido, aminoácidos e proteínas diminuíram com o aumento da concentração de efluentes. No entanto, a uma concentração mais baixa, o conteúdo de alguns destes compostos aumentou e sugere-se que o efluente pode ser utilizado como fertilizante líquido a uma concentração baixa.

Srivastava (1998) referiu que as culturas e os seus genótipos respondem de forma diferente ao stress da salinidade. As diferentes fases de desenvolvimento também respondem de forma diferente ao stress. Num estudo realizado com trigo, cevada e milho-miúdo, verificou que a produção de matéria seca sob salinidade diminuiu devido à redução da área fotossintética e que as reacções fotoquímicas também foram afectadas negativamente sob o stress da salinidade. As respostas morfológicas observadas devido ao stress por salinidade foram a redução da altura e da área foliar. Sugeriu que o LAR (rácio da área foliar) pode ser considerado um parâmetro para a seleção de genótipos de culturas resistentes e susceptíveis ao sal. A absorção de Na aumentou sob stress salino. Nas poaceae, a acumulação de iões prejudiciais foi maior na raiz ou nas partes mais velhas da planta e os genótipos resistentes ao sal tendem a restringir a entrada dos iões prejudiciais ao nível da raiz.

Jayaprakash *et al.* (1999) quantificaram as proteínas LEA 2 e LEA 3 no painço e no arroz e mostraram a variabilidade genética destas proteínas. Verificou-se uma correlação entre o teor de proteínas LEA e a resposta ao stress da salinidade. O código parcial para as proteínas LEA 2 foi mais elevado em genótipos tolerantes do que em genótipos susceptíveis. Discutiram a possível relevância das proteínas LEA 2 e LEA 3 na tolerância ao stress.

Xie *et al.* (2000) investigaram a diversidade genética de três variedades de arroz tolerantes à salinidade, Pokkali, Nona-Bokra e Bicol, utilizando RAPDs. A variedade suscetível de elevado rendimento IR29 foi utilizada como controlo para comparação. O desempenho destas variedades em termos de salinidade foi testado utilizando técnicas de rastreio rápido na fase de plântula. Dos cem iniciadores testados, 42 revelaram diferenças entre Pokkali e Nona Bokra, 43 entre Pokkali e Bicol e 50 entre Nona Bokra e Bicol. As diferenças de polimorfismo entre IR29 - Pokkali, IR29 - Nona Bokra e IR29 - Bicol foram de 47%, 53% e 31%, respetivamente. Quatro iniciadores amplificaram fragmentos específicos que apareceram em todas as três variedades tolerantes ao sal, mas não na variedade IR 29 suscetível ao sal.

O rastreio *in vitro* do stress salino em diferentes híbridos de arroz nacionais foi efectuado por Shanmuganathan (2001). O resultado foi a identificação de três híbridos CORH 2, DRRH 1 e PSD 1 como tolerantes ao sal e os híbridos KRRH 1 e CNRH 3 como moderadamente tolerantes ao sal.

Basu *et al.* (2002) referiram que a presença ou retenção de $K^+$ nos calos de arroz era um fator-chave para a tolerância ao sal, uma vez que se verificou que estava positivamente correlacionado com o crescimento, enquanto a prolina era provavelmente o último dispositivo metabólico pelo qual os calos de arroz optavam quando expostos ao stress salino.

Tam e Lang (2003) cultivaram sementes de 12 variedades de arroz em vários meios para a indução de calos. Partes dos calos foram transferidas para um meio suplementado com NaCl e foram estudados alguns aspectos fisiológicos da adaptação celular em resposta à salinidade. Os genótipos Soc nau, Doc Do, Trang Thai Lan, AS 996 apresentaram um aumento da regeneração de 90,79%, 75,00%, 73,08% e 68,75%, respetivamente. Este estudo foi realizado para criar variabilidade genética e para obter plantas tolerantes ao sal através da seleção *in vitro*.

Sankar *et al.* (2006) classificaram as linhas de arroz tolerantes ao sal com base na germinação e no crescimento das plântulas em condições de stress salino. Sob a alta concentração de 1,0 M $MgCl_2$: NaCl: $CaCl_2$: $Na_2SO_4$ (1:4:5:10) e a 1,6% de NaCl, os genótipos CSR 23 e CSR 10 tiveram um bom desempenho em termos de germinação por cento, CO 43 e Nona Bokra tiveram um bom desempenho em termos de biomassa total e CSSRI 60 em termos de índice de vigor com base nos valores $LD_{50}$.

Sankar *et al.* (2009) analisaram cinco linhas genéticas macho-estéreis sensíveis à temperatura (TGMS), oito testadores tolerantes ao sal e 40 híbridos obtidos através do cruzamento entre elas num desenho linha x testador para tolerância ao sal em condições *in vitro*. O híbrido GD 98029/CSSRI 13 classificou-se em primeiro lugar, seguido dos híbridos GD 98028/CO 43, GD 98028/CSR 23, GD 98029/CSR 10, GD 98029/Nona Bokra e o progenitor Nona Bokra em meio MS suplementado com 2,4-D 2 mg/l, cinetina 0,25 g/l e hidrolisado de caseína 1 g/l, juntamente com NaCl a uma concentração de 1,6 por cento, demonstrando o seu potencial de tolerância ao sal.

## 2.6. Diversidade molecular

Tradicionalmente, a variação genética é inferida pela variação morfológica/fenotípica ou pela resposta de crescimento do organismo. Muitos investigadores utilizaram também instrumentos citológicos para estes estudos. Os métodos clássicos para estabelecer a diversidade genética e/ou a relação de parentesco entre grupos de plantas baseavam-se em caraterísticas fenotípicas (observáveis). No entanto, estes tinham duas desvantagens: os caracteres quantitativos estavam sujeitos a influências ambientais; em segundo lugar, os níveis de polimorfismo (variação alélica) que podiam ser analisados eram limitados. Estas limitações foram significativamente ultrapassadas com a utilização de marcadores bioquímicos neutros para o ambiente (isozimas), eletroforese de proteínas e marcadores moleculares que incidem diretamente na variação controlada pelos genes ou no material genético (ADN). A maior resolução dos marcadores moleculares torna-os um instrumento valioso para a impressão digital, facilitando a escolha adequada de pais para programas de melhoramento, a análise de caraterísticas quantitativas e a deteção de loci de caraterísticas quantitativas (QTL), a cartografia genética, a seleção assistida por marcadores e a transferência de genes, a compreensão das vias evolutivas e a avaliação da diversidade genética.

Hills (1987) recomendou que o trabalho morfológico em grandes amostras combinado com análises moleculares em amostras mais pequenas maximiza tanto a informação como a utilidade.

Kresovich e McPherson (1992) referiram que os marcadores moleculares podem resolver questões biológicas, operacionais e logísticas relacionadas com quatro grandes áreas da caraterização de germoplasma: Determinação da identidade correta de um indivíduo (se é verdadeiro para o tipo ou duplicado), Estimativa do grau de semelhança entre indivíduos, Compreensão da estrutura hierárquica e partição da variação entre indivíduos, acessos, populações e espécies, Identificação e deteção da presença de alelos particulares em indivíduos, acessos, populações, cromossomas ou segmentos de ADN clonado. A gama de marcadores moleculares que podem ser utilizados na maior parte do germoplasma vegetal é bastante alargada (Mohan *et al.,* 1997; Gupta e Varshney, 2002).

As técnicas variam desde a identificação do polimorfismo na sequência real de ADN até à utilização de métodos de hibridação de ADN ou à utilização de tecnologia baseada em PCR (Reação em Cadeia da Polimerase) envolvendo SSR (Simple Sequence Repeat) ou técnicas combinadas como AFLP (Amplified Fragment Length polymorphism).

Os diferentes métodos diferem em termos de custo, facilidade de aplicação, tipo de dados gerados (se fornecem marcadores dominantes ou co-dominantes), grau de polimorfismo que revelam, forma como resolvem as diferenças genéticas e níveis taxonómicos a que podem ser mais adequadamente utilizados (Karp *et al.,* 1997).

### 2.6.1. Repetições de sequência inter-simples (ISSR)

O ISSR é um método baseado na PCR, que envolve a amplificação do segmento de ADN presente a uma distância amplificável entre duas regiões idênticas de repetição de microssatélites orientadas em direção oposta (Zietkiewicz *et al.*, 1994). A técnica utiliza microssatélites, geralmente com 16-25 pb de comprimento, como iniciadores numa reação de PCR com um único iniciador que visa múltiplos loci genómicos para amplificar principalmente as sequências inter-SSR de diferentes tamanhos.

As abordagens baseadas na PCR são muito procuradas devido à sua simplicidade e à necessidade de apenas pequenas quantidades de ADN da amostra. Os marcadores de repetições de sequências simples inter-ancoradas são marcadores arbitrários multiloci produzidos por amplificação por PCR com um iniciador de microssatélite. São vantajosos porque não é necessária qualquer informação genómica prévia para a sua utilização.

As repetições de microssatélites utilizadas como iniciadores podem ser di-nucleótidas ou tri-nucleótidas. Os marcadores ISSR são altamente polimórficos e são utilizados em estudos sobre diversidade genética, filogenia, marcação de genes, cartografia do genoma e biologia evolutiva (Reddy *et al.*, 2002).

A PCR ISSR é uma técnica que supera os problemas como a baixa reprodutibilidade do RAPD, o elevado custo do AFLP e a necessidade de conhecer as sequências flanqueadoras para desenvolver iniciadores específicos da espécie para o polimorfismo SSR (Godwin *et al.*, 1997).

As técnicas ISSR são quase idênticas às técnicas RAPD, exceto que as sequências de iniciadores ISSR são concebidas a partir de regiões de microssatélites e as temperaturas de recozimento utilizadas são mais elevadas do que as utilizadas para os marcadores RAPD.

Os ISSRs segregam maioritariamente como marcadores dominantes, seguindo uma herança mendeliana simples (Wang *et al.*, 1998). No entanto, também se demonstrou que, nalguns casos, segregam como marcadores co-dominantes, permitindo assim a distinção entre homozigotos e heterozigotos (Sankar e Moore, 2001).

### 2.6.2. Marcadores de microssatélites

Os genomas dos organismos superiores contêm três tipos de cópias múltiplas de sequências simples de ADN repetitivo (ADN satélite, minissatélites e microssatélites) dispostas em matrizes de tamanhos muito diferentes (Armour *et al.*, 1999). Os microssatélites (Litt e Luty,

1989), também conhecidos como SSRs (Tautz *et al.*, 1986), repetições curtas em tandem ou polimorfismos de comprimento de sequência simples (Mc Donald e Potts, 1977), são as classes mais pequenas de sequências de ADN repetitivo simples. Alguns autores *(por exemplo,* Armour *et al.*, 1999) definem os microssatélites como repetições de 2-8 pb, outros, como Goldstein e Pollock (1997), como repetições de 1-6 pb ou mesmo de 1-5 pb (Schlotterer, 1998). Chambers e MacAvoy (2000) sugeriram seguir uma definição estrita de repetições de 2-6 pb, em conformidade com as descrições dos autores originais.

Os microssatélites nascem de regiões em que as variantes de motivos simples de sequências repetitivas de ADN já estão demasiado representadas (Tautz *et al.*, 1986). Estes marcadores apresentam frequentemente níveis elevados de polimorfismo inter e intraespecífico, sobretudo quando o número de repetições em tandem é igual ou superior a dez (Queller *et al.*, 1993)

Os SSRs são atualmente o marcador de eleição em genética molecular, uma vez que são altamente polimórficos, requerem uma quantidade reduzida de ADN, podem ser facilmente automatizados para um rastreio de elevado rendimento, podem ser trocados entre laboratórios e são altamente transferíveis entre populações (Gupta *et al.*, 1999).

Os SSRs são, na sua maioria, marcadores co-dominantes e são, de facto, excelentes para estudos de genética e mapeamento de populações (Jarne e Lagoda, 1996, Goldstein e Schlotterer, 1999). Os iniciadores baseados em SSR foram utilizados com êxito para gerar padrões de bandas distintos que podem ser resolvidos em géis de agarose de baixa resolução utilizando coloração com brometo de etídio (Gupta *et al.*, 1994; Weising *et al.*, 1995), em géis de poliacrilamida de alta resolução por coloração com prata (Buscot *et al*, 1996), através da marcação radioactiva de primers seguida de autoradiografia (Gupta *et al.*, 1994), ou através da marcação de primers com corantes fluorescentes e visualização automatizada de alta resolução de produtos PCR separados por PAGE ou eletroforese capilar (Kresovich e Mc Pherson, 1992).

Além disso, a visualização automatizada de alta resolução dos produtos de PCR marcados com corantes permite uma discriminação efectiva do tamanho dos alelos de 1 pb. A multiplexagem pós-PCR, que envolve a separação simultânea de produtos de amplificação PCR de vários loci SSR numa única pista de gel ou capilar, reduz o tempo e o dinheiro necessários nos ensaios baseados em SSR (Masi *et al.*, 2003). Os iniciadores fluorescentes, em combinação com sequências automáticas de ADN em capilares ou em gel, são atualmente utilizados nos laboratórios mais avançados e os SSR são excelentes marcadores para técnicas fluorescentes, multiplexagem e análise de elevado rendimento.

Outras considerações incluem a obtenção de produtos de vários loci com gamas não sobrepostas de tamanhos de alelos, que podem ser amplificados com eficiência semelhante num conjunto padrão de condições e permitem a multiplexagem para análises de elevado rendimento (Schlotterer, 1998).

### 2.6.3. Estudos de diversidade molecular em milho painço

A diversidade genética refere-se às variações dentro dos loci de genes individuais/entre alelos de um gene, ou combinações de genes, entre plantas individuais ou entre populações de plantas. A diversidade genética tem vários "indicadores", que são medidos utilizando vários instrumentos, como a análise genética clássica ou mendeliana, que podem ser utilizados para avaliar a variação num único gene conhecido (caraterísticas qualitativas), como a resistência a doenças (Smale e Mc Bride, 1996).

Os métodos clássicos de estudo da diversidade baseiam-se em caracteres morfológicos, que são influenciados por vários factores ambientais. No entanto, os marcadores moleculares, que não são limitados em número e não são influenciados pelo ambiente, têm a capacidade de recolher amostras da diversidade diretamente ao nível do genoma. Os instrumentos de biologia molecular fornecem informações pormenorizadas sobre a estrutura genética da população natural, que não estavam disponíveis no passado (Slatkin, 1987). As técnicas de marcadores moleculares baseadas no ADN tornaram-se poderosas e são instrumentos precisos para a identificação de cultivares e a análise da diversidade genética (Karp *et al.,* 1997).

Foram efectuados alguns estudos sobre a diversidade fenotípica do milho painço, mas os estudos a nível molecular são muito limitados. Os relatórios anteriores sobre a relação genética entre *E. coracana* e as espécies diplóides baseavam-se principalmente em estudos de reprodução e citogenéticos de híbridos e em alguns estudos moleculares. Os estudos citogenéticos (Chennaveeraiah e Hiremath, 1974; 1982) sugeriram que o milheto é um alopoliplóide, derivado diretamente do tetraploide selvagem *E. coracana* sub sp. *africana* (Kennedy-O'Byrne, 1957; Hilu e De Wet, 1976b). As semelhanças na sequência de nucleótidos do ADN do cloroplasto (ADN cp.) confirmam ainda mais a origem direta da cultura a partir da subespécie *africana* (Hilu *et al.,* 1979; Hilu, 1988).

A divergência evolutiva entre espécies ou outros taxa relacionados, acompanhada de alterações quantitativas no conteúdo de ADN nuclear, está bem documentada (Price, 1976, 1988a, Raina, 1990). Esta variação no tamanho do genoma pode dever-se a vários mecanismos, tais como rearranjos genómicos induzidos pelo ambiente e/ou geneticamente (Price, 1988b), transposição (Doolittle, 1985; Dyson e Sherratt, 1985), duplicação de genes (Maclean, 1973), amplificação salutogénica (Britten e Kohne, 1968), crossing over invulgar e erros na replicação do ADN (Dyson e Sherratt, 1985).

As diferenças no tamanho do genoma nuclear dentro do género *Eleusine* foram investigadas utilizando a microdensiometria de Feulgen por Hiremath e Salimath (1991). Esses autores determinaram a quantidade de DNA nuclear em acessos de todas as espécies de *Eleusine* e relataram uma variação de 2 a 2,5 vezes no conteúdo de DNA. A quantidade de DNA nas espécies diplóides variou de 2,5 pg *(E. verticullata,* 2n=18) a 3,35 pg (*E. inermediata,* 2n=18). As espécies tetraplóides apresentaram uma variação de 4,95 pg (*E. coracana* subsp. *africana,* (2n=36) a 6,13 pg (acessos tetraplóides de *E. floccifolia,* (2n=36). Mysore e Baird, (1997) registaram um conteúdo de ADN nuclear de seis a sete espécies que era 15 a 50 por cento inferior ao anteriormente registado. Hilu e Johnson (1992) estudaram a variação do ADN ribossómico em milho painço e espécies selvagens de *Eleusine.*

Salimath *et al.* (1995) experimentaram três técnicas diferentes de marcadores de ADN, a *saber,* RFLP (combinação de 8 sondas e 3 enzimas), RAPD (18 iniciadores) e ISSR (6 iniciadores) para analisar a diversidade de 22 acessos pertencentes a 5 espécies de *Eleusine*. Os resultados revelaram 14, 10 e 26% de polimorfismos em 17 acessos de *E. coracana* de África e da Ásia e um nível muito baixo de variabilidade da sequência de ADN no painço. Sugeriram que o marcador ISSR era bom em comparação com RFLP e RAPD em termos de quantidade e qualidade dos dados produzidos.

Muza *et al.* (1995) relataram a diversidade de 26 linhas de germoplasma de milho-miúdo de África e da Índia, com base nos padrões de hibridação southern blot obtidos com sondas de genes clonados mitocondriais de milho e sorgo com cinco enzimas de endonuclease de restrição. Um total de 20 combinações de enzimas/sondas observou um baixo nível de polimorfismo/com padrões de bandas RFLP idênticos em 23 das 26 linhas. Com base nestes dados, 26 linhas de germoplasma foram classificadas em 3 grupos de agrupamento.

Salimath *et al.* (1995) registaram a diversidade molecular de 20 acessos de milho-miúdo utilizando isozima, RFLP e RAPD. Dezasseis loci isozyme e 15 loci RFLP mostraram uniformidade entre os acessos, indicando uma menor diversidade genética entre os acessos.

Wang *et al.* (2005) tentaram identificar a transferibilidade de 210 marcadores SSR das principais culturas cerealíferas (trigo, arroz, milho e sorgo) para *E. coracana* e mais de metade (57%) dos primers SSR analisados geraram amplicons reprodutíveis entre espécies ou géneros. Descreveram que a taxa de transferência de marcadores SSR estava correlacionada com a relação filogenética ou o parentesco genético.

Babu *et al.* (2007) registaram a diversidade de 32 genótipos de milho-miúdo, utilizando 50 marcadores RAPD e registaram um total de 529 loci, dos quais 479 loci (91%) eram polimórficos e informativos para diferenciar os acessos e efetuar uma análise de agrupamentos. Agruparam os 32 acessos de milho-miúdo em dois grandes grupos e os genótipos GEC 182 e CO 12 estavam distantemente relacionados com um baixo índice de semelhança de 0,315 e também diferiam consideravelmente em termos de dias até à floração e peso do grão.

Das *et al.* (2007) registaram a diversidade de 30 genótipos de milho painço utilizando 13 iniciadores RAPD. Foi registado um total de 124 fragmentos de ADN distintos, variando de 300 a 3000 pb. A similaridade genética e a análise de agrupamentos com base no coeficiente de similaridade indicaram dois agrupamentos principais, o primeiro agrupamento principal tinha um genótipo e o segundo agrupamento principal continha 29 genótipos.

Dida *et al.* (2007) desenvolveram um primeiro mapa genético de painço utilizando marcadores RFLP, AFLP, EST e SSR. A extensão do mapa foi de 721 cM no genoma A e de 787 cM no genoma B, abrangendo todos os 18 cromossomas da luzerna. Os autores desenvolveram um conjunto de 82 marcadores SSR específicos para a salsa-dos-dedos através de bibliotecas genómicas de pequena inserção geradas com enzimas de restrição sensíveis à metilação e, entre eles, foram mapeados 31 SSR. A análise comparativa deste mapa com o mapa genético do arroz (Projeto Internacional de Sequenciação do Genoma do Arroz, 2005) foi uma nova tentativa que deu conta de um elevado nível de co-linearidade conservada entre o genoma da salsa e o do arroz (Srinivasachary *et al.,* 2007).

Dida *et al.* (2008) relataram a estrutura populacional de 79 acessos de milheto com 45 marcadores SSR e identificaram diferenças significativas na arquitetura das plantas e no rendimento das subpopulações asiáticas e africanas.

Kumari e Pande (2010) efectuaram um estudo para caraterizar a diversidade genética utilizando doze germoplasmas de milho painço, incluindo dois da mesma variedade (VL-149), mas de regiões diferentes. Foram amplificadas três réplicas de cada germoplasma utilizando dezassete iniciadores aleatórios. Foi amplificado um total de 113 fragmentos distintos, variando de 117 pb a 2621 pb. Destes, 70 (61,9%) foram considerados polimórficos. Os polimorfismos mais baixos e mais elevados foram obtidos em indivíduos pertencentes aos genótipos OUAT-2 e VL-324. A análise de Nei revelou a maior semelhança entre OUAT-2 e JWM-1 e a maior distância entre BM-1 e VL-315. OUAT-2 e JWM-1, ambos germoplasmas de sementes brancas, mostraram a máxima proximidade.

Sinha e Pande (2010) analisaram dezoito genótipos de painço-de-dedo utilizando seis pares de iniciadores SSR homólogos e sete heterólogos. O estudo revelou que os conjuntos de iniciadores homólogos eram mais adequados para a impressão digital, uma vez que o número de alelos polimórficos obtidos era maior. São eles UGEP 10, UGEP 18, UGEP 60 e UGEP 77. O par de iniciadores UGEP 60 produziu o número máximo de alelos polimórficos, *ou seja,* três, que podem ser utilizados na geração de impressões digitais específicas de cada indivíduo.

Gupta *et al.* (2010) relataram que o parentesco genético de três variedades de milheto *(Eleusine coracana* L.) com diferentes cores de revestimento de sementes, nomeadamente PRM-1 (castanho), PRM-701 (branco) e PRM-801 (dourado), foi avaliado com 10 marcadores RAPD e 10 marcadores ISSR. O perfil RAPD destas variedades com 10 iniciadores aleatórios gerou 86 loci com 49 polimórficos e 37 monomórficos. A caraterização molecular destas variedades utilizando 10 marcadores ISSR gerou 57 loci com 18 loci polimórficos e 39 monomórficos. O marcador RAPD, com 8,5 loci por primer, foi considerado melhor do que o marcador ISSR, com uma média de 5,7 loci por primer.

# CAPÍTULO 3

# MATERIAIS E MÉTODOS

## 3.1. Materiais

Foram selecionados para o estudo quarenta genótipos de milho painço *(Eleusine coracana* (L.) Gaertn.) obtidos da coleção de germoplasma do Departamento de Milho, Centro de Reprodução e Genética Vegetal, Universidade Agrícola de Tamil Nadu, Coimbatore. A lista de genótipos é apresentada no quadro 1.

## 3.2. Métodos

### 3.2.1. Estudos de tolerância ao sal *in vitro*

#### 3.2.1.1. Preparação do meio de cultura de tecidos com diferentes níveis de sal

Ao longo da experiência, foi utilizado um meio Murashige e Skoog ligeiramente modificado com vitaminas do complexo $B_5$. A composição do meio MS Basal utilizado neste estudo era semelhante à do meio MS sem hormonas utilizado por Murashige e Skoog (1962) com vitaminas $B_5$ (Anexo 1). As soluções de reserva, *nomeadamente* macronutrientes, $CaCl_2$, micronutrientes, Fe EDTA e vitaminas, foram preparadas adicionando os produtos químicos necessários na quantidade requerida e completando o volume necessário com água destilada. Foram impostos quatro níveis de stress de salinidade, nomeadamente 3000 ppm, 6000 ppm, 9000 ppm e 12000 ppm, adicionando cloreto de sódio (NaCl) ao meio de germinação. Um miligrama de cloreto de sódio num litro de água destilada dá uma concentração de sal de uma parte por milhão. Do mesmo modo, as restantes concentrações de soluções salinas foram preparadas ou diretamente dissolvidas no meio de germinação.

Ao meio ½ MS basal foram adicionadas, separadamente, diferentes concentrações de sais, *nomeadamente* 3000 ppm, 6000 ppm, 9000 ppm e 12000 ppm, para avaliar a tolerância à salinidade. Juntamente com os meios contendo sais, foi também preparado um controlo (0 ppm de NaCl) como um dos tratamentos para a despistagem da tolerância à salinidade. De seguida, o pH foi ajustado para 5,8 utilizando NaOH 0,1 N ou HCl 0,1 N. Em seguida, o volume final foi completado para 1000 ml utilizando água destilada dupla estéril.

#### 3.2.1.2. Esterilização de superfícies, inoculação e controlo da salinidade

Nesta experiência, as sementes foram utilizadas como explante e as plântulas foram cultivadas *in vitro.* As sementes dos respectivos genótipos foram submetidas aos seguintes tratamentos em câmara de fluxo laminar de ar para o cultivo de plântulas.

1. As sementes foram colocadas em tubos de centrifugação de 50 ml e lavadas com água destilada dupla estéril durante três vezes para remover a casca e outras impurezas que estão a aderir à superfície da semente.

2. As sementes descascadas foram esterilizadas à superfície com etanol a 70% durante trinta segundos.

3. As sementes foram novamente lavadas com água bidestilada estéril durante três vezes para remover os vestígios de etanol na superfície das sementes.

4. Em seguida, as sementes foram esterilizadas à superfície com $HgCl_2$ a 0,1% durante três minutos, com agitação constante.

5. Ao fim de três minutos, o HgCl2 foi retirado e as sementes foram lavadas com água bidestilada esterilizada durante três vezes.

Os quarenta genótipos de painço foram esterilizados à superfície e as sementes esterilizadas foram inoculadas em frascos cónicos de 250 ml contendo ½ MS de meio basal (controlo) e quatro níveis de stress de salinidade: 3000 ppm, 6000 ppm, 9000 ppm e 12000 ppm. Foi adotado um desenho completamente aleatório com três repetições. Para cada repetição, foram inoculadas dez sementes em cada frasco para cada genótipo e para cada nível de salinidade. Esses frascos foram mantidos sob luz para a germinação das sementes. Dois conjuntos diferentes, contendo três repetições em cada tratamento, foram inoculados e mantidos *in vitro* durante 20 e 30 dias, respetivamente. Os frascos foram avaliados continuamente quanto à germinação e ao crescimento das plântulas.

### 3.2.1.3. Observações registadas

Os seguintes caracteres foram estudados e as observações foram registadas individualmente aos 20 e 30 dias de crescimento das plântulas para cada nível de salinidade em cada repetição para cada genótipo, exceto a germinação (15 dias). Os valores médios foram utilizados para a análise estatística.

#### 3.2.1.3.1. Germinação (%)

A percentagem de germinação foi registada no $^{15°}$ dia após a sementeira (Anon, 1999). O número de sementes germinadas foi expresso em percentagem para cada nível de salinidade em cada repetição para cada genótipo. As sementes foram consideradas germinadas quando a radícula e a plúmula estavam claramente salientes.

$$\text{Germination (\%)} = \frac{\text{Number of seeds germinated}}{\text{Number of seeds sown}} \times 100$$

#### 3.2.1.3.2. Peso fresco das plântulas

As plântulas foram arrancadas do meio de cultura e pesadas na sua totalidade, sendo o peso expresso em gramas.

#### 3.2.1.3.3. Comprimento dos rebentos das plântulas

O comprimento do rebento das plântulas foi medido pela distância entre o colo e a ponta do rebento primário. O valor médio foi expresso em centímetros.

#### 3.2.1.3.4. Comprimento da raiz das plântulas

As plântulas utilizadas para a medição dos rebentos foram medidas quanto à distância entre o colo e a ponta da raiz primária e o valor médio foi expresso em centímetros.

#### 3.2.1.3.5. Comprimento médio das plântulas

O comprimento da raiz e o comprimento do rebento de cada plântula medida foram adicionados e a média das plântulas em três tubos de ensaio foi considerada como comprimento médio das plântulas e expressa em centímetros.

#### 3.2.1.3.6. Peso seco das plântulas

As plântulas foram secas em estufa de ar quente a 150 °C durante 2 dias e pesadas para serem expressas em gramas.

### 3.2.1.4. Análise estatística

Os dados foram analisados estatisticamente através de um desenho fatorial completamente aleatório, com cinco níveis, incluindo o controlo (Panse e Sukhatme, 1964). Foi efectuada uma transformação angular para os valores da percentagem de germinação antes de analisar os dados.

A CRD fatorial foi levada a cabo para testar a resposta dos genótipos de milho painço nos quatro níveis de stress salino: 3000 ppm, 6000 ppm, 9000 ppm, 12000 ppm e controlo.

## ANOVA

| FONTE | df | SS | EM | F |
|---|---|---|---|---|
| Tratamento | (ab-1)(t-1) | TSS | TMS | TMS / ESS |
| Fator A | (a-1) | ASS | EMA | AMS / ESS |
| Fator B | (b-1) | BSS | BMS | BMS / ESS |
| AB | (a-1) (b-1) | ABSS | ABMS | ABMS / ESS |
| Erro | (n-t) | ESS | SGA | |
| Total | (n-1) | Total SS | | |

onde,

t - Número de tratamentos

n- Tratamento x replicação

df - Graus de liberdade

TSS -Soma dos quadrados dos tratamentos

ASS, BSS - Efeitos principais dos factores A & B

ABSS - Efeito de interação de A com B

ESS -Soma de quadrados de erro

TMS -Quadrados médios do tratamento

AMS, BMS - Quadrados médios dos efeitos principais dos factores A e B

ABMS - Quadrados médios da interação de A com B

EMS - Erro dos quadrados médios

### 3.2.2. Estudos de diversidade genética molecular

A experiência foi realizada no Laboratório de Seleção Assistida por Marcadores, Centro de Melhoramento Vegetal e Genética, Universidade Agrícola de Tamil Nadu, Coimbatore. A análise molecular foi efectuada para um total de 40 genótipos (quadro 1). Para a análise molecular, foi utilizado um conjunto de trinta pares de iniciadores ISSR e dez pares de iniciadores microssatélites derivados do arroz.

**Quadro 1. Lista dos genótipos de milho painço utilizados no estudo**

| S. Não. | Genótipos | S. Não. | Genótipos |
|---|---|---|---|
| 1. | Co 9 | 21. | AF 459 |
| 2. | GE 527 | 22. | GE 522 |
| 3. | GEC 534 | 23. | GEC 539 |
| 4. | GS 133 | 24. | GS 69 |
| 5. | GS 261 | 25. | GS 112 |
| 6. | Malavi 1446 | 26. | Malavi 2028 |
| 7. | MS 2944 | 27. | MS 8100 |
| 8. | MS 8070 | 28. | TNAU 21 |
| 9. | TNAU 30 | 29. | TNAU 193 |
| 10. | TNAU 72 | 30. | TNAU 1008 |
| 11. | AF 329 | 31. | AF 269 |
| 12. | Co 14 | 32. | AF 3055 |
| 13. | GE 346 | 33. | GE 333 |
| 14. | GE 2510 | 34. | GEC 417 |
| 15. | GS 431 | 35. | GEC 520 |
| 16. | IE 3297/1 | 36. | GS 159 |
| 17. | EM 9272 | 37. | Malavi 1876 |
| 18. | TNAU 5 | 38. | EM 2927 |
| 19. | TNAU 487 | 39. | MS 8068 |
| 20. | TNAU 4833 | 40. | TNAU 44/2 |

### 3.2.2.1. Isolamento de ADN

Foram colhidas amostras de folhas de plântulas com 15-20 dias de idade cultivadas em taças e armazenadas a -70°C até serem utilizadas para extração de ADN. O ADN foi extraído pelo método CTAB (mini-prep), tal como descrito por Porebski e Bailey (1997). Os reagentes utilizados para a extração e o procedimento de extração são apresentados nos anexos 2 e 3. O ADN extraído foi purificado para detetar a contaminação por ARN através do tratamento com RNAase.

### 3.2.2.2. Quantificação do ADN

O ADN genómico foi quantificado utilizando o espetrofotómetro. A concentração de ácidos nucleicos é geralmente determinada medindo a DO da amostra a 260 nm em relação ao branco. O rácio A260/A280 é utilizado para estimar a pureza do ácido nucleico. O ADN puro deve ter um rácio de aproximadamente 1,8. A qualidade do ADN foi também verificada por eletroforese em gel de agarose a 0,8%. O ADN foi então diluído numa concentração adequada para utilização em análises moleculares.

### 3.2.2.3. Amplificação por PCR para análise ISSR

O ADN de quarenta genótipos foi amplificado utilizando um conjunto de trinta iniciadores ISSR. A lista dos primers ISSR utilizados no estudo, juntamente com a respectiva temperatura de recozimento, é apresentada na tabela 2. A reação de amplificação foi efectuada num volume de 15 pl contendo 50 ng de ADN genómico e a amplificação foi realizada num termociclador PTC (AB PCR). A mistura da reação de PCR é apresentada no anexo 4.

### Perfil do ciclista

| Perfil | Passos | | Temperatura (°C) | Tempo |
|---|---|---|---|---|
| Perfil 1 | Desnaturação inicial | | 94.0 | 05 min |
| Perfil 2 | Desnaturação | 35 ciclos | 94.0 | 30 Seg |
| Perfil 3 | Recozimento | | 50.0 | 01 Seg |
| Perfil 4 | Extensão | | 72.0 | 02 min |
| Perfil 5 | Extensão final | | 72.0 | 10 min |
| Perfil 6 | Retenção final | | 4.0 | ∞ |

**Tabela 2. Particularidades dos iniciadores ISSR utilizados no estudo**

| S. No. | Primer | Sequence (5' – 3') | Temperature (°C) |
|---|---|---|---|
| 1. | ISSR 15 | CTCTCTCTCTCTCTCTG | 39.9 |
| 2. | ISSR 19 | GTGTGTGTGTGTGTGTA | 42.6 |
| 3. | ISSR 20 | GTGTGTGTGTGTGTGTC | 45.0 |
| 4. | ISSR 22 | TCTCTCTCTCTCTCTCA | 40.8 |
| 5. | ISSR 23 | TCTCTCTCTCTCTCTCC | 42.0 |
| 6. | ISSR 24 | TCTCTCTCTCTCTCTCG | 51.0 |
| 7. | ISSR 25 | ACACACACACACACACT | 51.0 |
| 8. | ISSR 27 | ACACACACACACACACG | 49.9 |
| 9. | ISSR 29 | TGTGTGTGTGTGTGTGC | 51.0 |
| 10. | ISSR 30 | TGTGTGTGTGTGTGTGG | 51.0 |
| 11. | ISSR 44 | CTCTCTCTCTCTCTCTGC | 45.0 |
| 12. | ISSR 45 | CTCTCTCTCTCTCTCTGG | 45.0 |
| 13. | ISSR 47 | CACACACACACACACAGC | 50.7 |
| 14. | ISSR 48 | CACACACACACACACAGG | 52.7 |
| 15. | ISSR 49 | GTGTGTGTGTGTGTGTCA | 49.0 |
| 16. | ISSR 50 | GTGTGTGTGTGTGTGTCC | 50.7 |
| 17. | ISSR 51 | GTGTGTGTGTGTGTGTCG | 51.0 |
| 18. | ISSR 53 | TCTCTCTCTCTCTCTCGT | 45.0 |
| 19. | ISSR 54 | TCTCTCTCTCTCTCTCGG | 49.0 |
| 20. | ISSR 55 | ACACACACACACACACCT | 50.0 |
| 21. | ISSR 58 | TGTGTGTGTGTGTGTGGT | 52.0 |
| 22. | ISSR 60 | TGTGTGTGTGTGTGTGGA | 51.0 |
| 23. | ISSR 64 | ATGATGATGATGATGATG | 46.2 |
| 24. | ISSR 68 | GAAGAAGAAGAAGAAGAA | 42.8 |
| 25. | ISSR 73 | GACAGACAGACAGACA | 40.0 |
| 26. | ISSR 78 | GGATGGATGGATGGAT | 50.0 |
| 27. | ISSR 80 | GGAGAGGAGAGGAGA | 44.0 |
| 28. | ISSR 94 | TGGTAGCTCTTGATCACC | 50.0 |
| 29. | ISSR 95 | AGAGTTGGTAGCTCTTGA | 46.9 |
| 30. | ISSR 99 | CATGGTGTTGGTCATTGT | 50.7 |

### 3.2.2.4. Amplificação por PCR para análise SSR

O ADN de quarenta genótipos foi amplificado utilizando um conjunto de dez pares de iniciadores SSR. As listas dos primers utilizados no estudo são apresentadas no quadro 3. A mistura de reação PCR é apresentada no anexo 5.

**Perfil do ciclista**

| Perfil | Passos | | Temperatura (°C) | Tempo |
|---|---|---|---|---|
| Perfil 1 | Desnaturação inicial | | 94.0 | 05 min |
| Perfil 2 | Desnaturação | 35 ciclos | 94.0 | 45 segundos |
| Perfil 3 | Recozimento | | 59.0 | 01 min |
| Perfil 4 | Extensão | | 74.0 | 02 min |
| Perfil 5 | Extensão final | | 74.0 | 07 min |
| Perfil 6 | Retenção final | | 4.0 | ∞ |

### 3.2.2.5. Eletroforese em gel

Os produtos amplificados por PCR (15,0 µl) foram submetidos a eletroforese num gel de agarose de 1,5 e 3,0 (ISSR e SSR, respetivamente) por cento em tampão TBE 1X a 100 volts durante 3 horas, utilizando uma unidade de eletroforese submarina. Os géis corados com brometo de etídio foram documentados utilizando o Alpha Imager TM 1200-Documentation and Analys is System da Alpha Innotech Corportion, EUA. Os tamanhos das bandas identificadas foram determinados em relação a uma escada de 1 Kbp e 100 bp para os primers ISSR e SSR, respetivamente (Bangalore Genei Ltd., Índia). Os materiais necessários e o protocolo para a eletroforese em gel de agarose são apresentados nos anexos 6 e 7.

### 3.2.2.6. Análise estatística

**Análise de dados e pontuação de dados**

As bandas polimórficas foram classificadas visualmente quanto à sua presença ou ausência com cada iniciador. As pontuações foram obtidas na forma de matriz com "1" e "0", que indicam a presença e a ausência de bandas em cada genótipo, respetivamente.

**Tabela 3. Particularidades dos primers SSR utilizados no estudo**

| S. No. | Marker | Sequence information | | Temp. (°C) |
|---|---|---|---|---|
| 1. | RM 2 | Forward | ACGTGTCACCGCTTCCT | 54.0 |
| | | Reverse | ATGTCCGGGATCTCATCG | |
| 2. | RM 244 | Forward | CCGACTGTTCGTCCTTATCA | 59.0 |
| | | Reverse | CTGCTCTCGGGTGAACGT | |
| 3. | RM 341 | Forward | CAAGAAACCTCAATCCGAGC | 59.0 |
| | | Reverse | CTCCTCCCGATCCCAATC | |
| 4. | RM 411 | Forward | ACACCAACTCTTGCCTGCAT | 57.0 |
| | | Reverse | TGAAGCAAAAACATGGCTAGG | |
| 5. | RM 440 | Forward | CATGCAACAACGTCACCTTC | 58.0 |
| | | Reverse | ATGGTTGGTAGGCACCAAAG | |
| 6. | RM 492 | Forward | CCAAAAATAGCGCGAGAGG | 59.0 |
| | | Reverse | AAGACGTACATGGGTCAGGC | |
| 7. | RM 570 | Forward | GTTCTTCAACTCCCAGTGCG | 59.0 |
| | | Reverse | TGACGATGTGGAAGAGCAAG | |
| 8. | RM 584 | Forward | AGAAAGTGGATCAGGAAGGC | 59.0 |
| | | Reverse | GATCCTGCAGGTAACCACAC | |
| 9. | RM 3351 | Forward | ATGGAAGGAATGGAGGTGAG | 58.0 |
| | | Reverse | TACCCCTACGTCGATCGATC | |
| 10. | RM 6378 | Forward | ATAGGGTGGGTGTGCTGAAC | 59.0 |
| | | Reverse | TGCACAAAACTGCAGGTCTC | |

## Valor do conteúdo de informação sobre polimorfismo (PIC)

Os valores do conteúdo de informação do polimorfismo (PIC) foram calculados para os marcadores ISSR e SSR, a fim de caraterizar a capacidade de cada iniciador para revelar ou detetar loci polimórficos entre os genótipos. É a soma total dos valores do conteúdo de informação de polimorfismo de todos os marcadores produzidos por um determinado iniciador. O valor de PIC foi calculado usando a fórmula, $PIC = 1\text{-}\Sigma pi^2$ onde, pi é a frequência do $i^{th}$ alelo (Smith *et al.,* 1997).

## Análise de clusters

A pontuação dos dados binários foi utilizada para construir um dendrograma. A associação genética entre os acessos foi avaliada através do cálculo do coeficiente de similaridade de Jaccard para comparações entre pares, com base nas proporções de bandas partilhadas produzidas pelos primers (Jaccard, 1908). A matriz de similaridade foi gerada utilizando o programa SIMQUAL do software NTSYS-pc, versão 2.02 (Rohlf, 2000). Os coeficientes de similaridade foram utilizados para a análise de agrupamento e o dendrograma foi construído pelo método de médias de grupos de pares não ponderados (UPGMA) (Sneath e Sokal, 1973).

# CAPÍTULO 4

## RESULTADOS EXPERIMENTAIS

Os resultados obtidos com este estudo são apresentados nas rubricas seguintes.

4.1. Rastreio da salinidade *in vitro*

4.2. Diversidade molecular

### 4.1. Rastreio da salinidade *in vitro*

### 4.1.1. Percentagem de germinação

Houve uma grande diferença significativa entre os genótipos para a germinação em diferentes níveis de salinidade. A interação dos genótipos com os diferentes níveis de salinidade também se revelou significativa. Verificou-se que a percentagem de germinação diminui com o aumento do nível de salinidade em todos os genótipos estudados. A percentagem média de germinação dos quarenta genótipos em cada nível de salinidade ao 15° dia é apresentada no quadro 4.

A germinação foi observada no décimo quinto dia do estudo e a percentagem de germinação foi calculada. A percentagem média de germinação dos genótipos sob quatro níveis de salinidade, *nomeadamente* 3000 ppm, 6000 ppm, 9000 ppm e 12000 ppm e controlo, variou entre 66,04% (IE 3297/1) e 87,89% (GEC 520). Entre as interações, verificou-se que os genótipos GS 261, Malavi 1446, MS 2944, MS 8070, MS 9272, TNAU 72, TNAU 5, TNAU 4833, AF 459, GS 69, GS 112, TNAU 21, AF 269, AF 3055, GE 333, GEC 520, GS 159, Malavi 1876 e MS 2927 apresentaram uma boa percentagem de germinação (100%). Os genótipos GS 133, GS 261, Malavi 1446, MS 8070, MS 9272, AF 459, GS 69, GS 112, TNAU 21, TNAU 193, TNAU 1008, GEC 520, GS 159 e TNAU 44/2 (100%) foram excelentes a 3000 ppm de concentração de sal. A 6000 ppm, os genótipos MS 8070, AF 329, GE 2510, TNAU 1008, GE 333 e GS 159, MS 2927 produziram 100% de germinação de sementes. Os genótipos AF 329 e TNAU 1008 registaram 87,78% a 9000 ppm de concentração de sal. O genótipo AF 269 registou a maior percentagem de germinação (55,56%) em relação aos outros genótipos a 12000 ppm de concentração de sal.

**Tabela 4. Germinação (%) de 40 genótipos em diferentes níveis de stress salino no 15º dia de cultura**

| S. No. | Genotypes | Control | Salt concentration | | | | Mean** |
|---|---|---|---|---|---|---|---|
| | | | 3000 ppm | 6000 ppm | 9000 ppm | 12000 ppm | |
| 1. | Co 9 | 93.22 (77.48) | 94.44 (77.79) | 73.33 (75.56) | 44.45 (39.63) | 35.55 (28.89) | 68.20 (59.76) |
| 2. | GE 527 | 98.89 (82.79) | 75.55 (60.79) | 84.44 (68.86) | 53.33 (51.89) | 26.67 (17.89) | 67.78 (58.89) |
| 3. | GEC 534 | 98.89 (82.79) | 86.67 (71.25) | 76.22 (60.32) | 65.56 (57.12) | 35.33 (53.17) | 72.53 (59.77) |
| 4. | GS 133 | 98.89 (82.79) | 100.00 (89.89) | 77.78 (61.45) | 33.33 (28.65) | 44.44 (39.75) | 70.89 (58.04) |
| 5. | GS 261 | 100.00 (89.89) | 100.00 (89.89) | 85.56 (69.32) | 50.00 (48.76) | 21.00 (15.32) | 71.31 (58.53) |
| 6. | Malavi 1446 | 100.00 (89.89) | 100.00 (89.89) | 55.56 (51.67) | 73.00 (59.17) | 43.00 (38.66) | 74.31 (61.64) |
| 7. | MS 2944 | 100.00 (89.89) | 88.89 (73.50) | 91.11 (75.55) | 73.33 (60.52) | 44.00 (53.32) | 79.47 (65.89) |
| 8. | MS 8070 | 100.00 (89.89) | 100.00 (89.89) | 100.00 (89.89) | 64.44 (57.12) | 35.67 (29.35) | 80.02 (60.89) |
| 9. | TNAU 30 | 98.89 (82.79) | 91.11 (75.55) | 75.56 (60.79) | 63.33 (56.73) | 36.11 (29.01) | 73.00 (60.76) |
| 10. | TNAU 72 | 100.00 (89.89) | 95.56 (78.68) | 88.89 (73.50) | 65.56 (57.76) | 36.33 (29.12) | 77.27 (63.43) |
| 11. | AF 329 | 98.89 (82.79) | 91.11 (75.55) | 100.00 (89.89) | 87.78 (72.01) | 44.45 (39.76) | 84.44 (67.02) |
| 12. | Co 14 | 98.89 (82.79) | 95.56 (78.68) | 91.11 (75.55) | 65.56 (57.76) | 17.78 (19.45) | 73.78 (60.58) |
| 13. | GE 346 | 98.89 (82.79) | 98.89 (82.79) | 92.22 (74.89) | 43.33 (39.76) | 35.78 (29.45) | 73.82 (60.69) |
| 14. | GE 2510 | 97.78 (81.84) | 95.56 (78.68) | 100.00 (89.89) | 43.33 (39.76) | 36.33 (29.12) | 74.60 (61.79) |
| 15. | GS 431 | 97.78 (81.84) | 90.00 (74.45) | 66.67 (58.89) | 64.44 (57.12) | 17.78 (19.45) | 67.33 (59.69) |
| 16. | IE 3297/1 | 96.67 (79.32) | 85.56 (69.79) | 66.67 (58.89) | 44.33 (37.89) | 37.00 (18.39) | 66.04 (58.76) |
| 17. | MS 9272 | 100.00 (89.89) | 100.00 (89.89) | 95.56 (78.17) | 83.33 (68.00) | 42.22 (37.45) | 84.22 (67.14) |
| 18. | TNAU 5 | 100.00 (89.89) | 95.56 (78.68) | 92.22 (74.89) | 44.45 (39.76) | 35.55 (37.99) | 73.56 (60.00) |
| 19. | TNAU 487 | 96.67 (79.32) | 91.11 (75.55) | 84.45 (68.86) | 42.22 (37.89) | 17.78 (19.45) | 66.45 (58.67) |
| 20. | TNAU 4833 | 100.00 (89.89) | 88.89 (73.50) | 75.56 (61.45) | 44.22 (39.45) | 36.00 (51.97) | 68.93 (58.75) |
| 21. | AF 459 | 100.00 (78.17) | 100.00 (89.89) | 98.89 (82.79) | 86.00 (71.17) | 52.78 (50.76) | 87.53 (72.63) |
| 22. | GE 522 | 94.78 (77.71) | 91.11 (75.55) | 74.44 (60.65) | 42.22 (39.45) | 30.00 (45.64) | 66.51 (58.76) |
| 23. | GEC 539 | 98.89 (82.79) | 90.67 (74.68) | 92.33 (73.89) | 76.67 (61.89) | 18.67 (42.54) | 75.44 (63.76) |
| 24. | GS 69 | 100.00 (89.89) | 100.00 (89.89) | 97.78 (82.84) | 80.00 (63.89) | 50.11 (49.54) | 85.57 (73.77) |
| 25. | GS 112 | 100.00 (82.89) | 100.00 (89.89) | 98.89 (82.79) | 56.67 (51.50) | 35.55 (29.00) | 78.22 (63.13) |
| 26. | Malavi 2028 | 96.60 (79.32) | 86.44 (71.25) | 75.56 (63.91) | 61.11 (55.67) | 48.33 (47.54) | 73.60 (60.89) |
| 27. | MS 8100 | 97.78 (81.84) | 98.89 (82.79) | 95.56 (52.86) | 74.44 (61.84) | 54.44 (52.67) | 84.22 (68.67) |
| 28. | TNAU 21 | 100.00 (89.89) | 100.00 (89.89) | 98.89 (82.79) | 56.67 (51.50) | 24.44 (16.15) | 76.00 (62.42) |
| 29. | TNAU 193 | 88.89 (71.42) | 100.00 (89.89) | 96.67 (79.32) | 56.56 (51.35) | 24.33 (16.17) | 73.29 (60.76) |
| 30. | TNAU 1008 | 97.78 (81.84) | 100.00 (89.89) | 100.00 (89.89) | 87.78 (72.02) | 26.67 (17.89) | 82.44 (65.74) |
| 31. | AF 269 | 100.00 (89.89) | 98.89 (82.79) | 90.00 (74.32) | 82.22 (65.55) | 55.56 (56.89) | 85.33 (67.37) |
| 32. | AF 3055 | 100.00 (89.89) | 98.89 (82.79) | 91.11 (75.55) | 82.44 (65.89) | 42.67 (39.78) | 83.02 (66..07) |
| 33. | GE 333 | 100.00 (89.89) | 98.89 (82.79) | 100.00 (89.89) | 84.44 (67.25) | 51.00 (50.76) | 86.87 (68.73) |
| 34. | GEC 417 | 98.89 (82.79) | 55.55 (51.67) | 76.67 (60.79) | 66.11 (58.89) | 50.11 (52.44) | 69.46 (59.07) |
| 35. | GEC 520 | 100.00 (89.89) | 100.00 (89.89) | 98.89 (82.79) | 84.00 (68.45) | 50.89 (52.87) | 87.89 (72.79) |
| 36. | GS 159 | 100.00 (89.89) | 100.00 (89.89) | 100.00 (89.89) | 66.67 (58.89) | 31.11 (25.76) | 79.56 (63.65) |
| 37. | Malavi 1876 | 100.00 (89.89) | 98.89 (82.79) | 91.11 (75.55) | 48.89 (45.55) | 43.33 (39.76) | 76.44 (60.31) |
| 38. | MS 2927 | 100.00 (89.89) | 96.67 (79.32) | 100.00 (89.89) | 36.67 (29.89) | 21.11 (15.63) | 70.89 (59.53) |
| 39. | MS 8068 | 98.89 (82.79) | 95.56 (78.68) | 92.22 (74.89) | 28.11 (19.32) | 50.78 (49.54) | 73.11 (60.36) |
| 40. | TNAU 44/2 | 98.89 (82.79) | 100.00 (89.89) | 98.89 (82.79) | 61.11 (55.18) | 25.56 (17.89) | 76.89 (61.89) |
| | Mean** | 98.64 (82.57) | 94.37 (77.79) | 88.52 (73.42) | 61.70 (55.89) | 36.65 (29.76) | 76.00 (63.32) |

* Os valores transformados são apresentados entre parêntesis.

| | | SED | CD (0,05) | CD (0,01) |
|---|---|---|---|---|
| A | Genótipos | 11.56 | 22.72 | 29.91 |
| B | Concentração de sal | 4.09 | 8.03 | 10.58 |
| A x B | Genótipos x Concentração de sal | 12.84 | 25.80 | 33.89 |

*** Significativo a 5%**

**** Significativo a 1%**

### 4.1.2. Peso fresco das plântulas

As diferenças entre os genótipos, os tratamentos e as suas interações no 20º dia de cultura foram consideradas altamente significativas. A média do peso fresco das plântulas aos 20 dias de cada genótipo no controlo e nos quatro níveis de salinidade é apresentada no quadro 5. A média geral dos genótipos em diferentes níveis de concentração de sal para peso fresco de plântulas variou de 0,0075 g (GEC 534) a 0,0239 g (AF 459). No controlo, o genótipo que apresentou o peso fresco mais elevado foi o Malavi 2028 (0,0860 g). Os genótipos com melhor desempenho para peso fresco de plântulas em diferentes níveis de stress salino foram TNAU 4833 (3000 ppm-0.0433 g), GE 522 (6000 ppm-0.0410 g), GS 133 (9000 ppm- 0.0217 g) e TNAU 72 (12000 ppm-0.0113 g).

Foram encontradas diferenças altamente significativas entre os genótipos, os tratamentos e as suas interações aos 30 dias de cultura. A média do peso fresco das plântulas de cada genótipo no cont rol e em quatro níveis de salinidade é apresentada na tabela 6. A média geral dos genótipos em diferentes níveis de concentração de sal para o peso fresco das plântulas variou de 0,0071 g (GEC 534) a 0,0379 g (GEC 520). O genótipo GEC 520 (0,0923 g) respondeu bem no controlo, seguido pelo GS 69 (3000 ppm-0,0517 g), IE 3297/1 (6000 ppm-0,0520 g), GEC 539 (9000 ppm-0,0410 g) e GS 69 (12000 ppm- 0,0320 g). O peso fresco das plântulas (em cm) dos quatro genótipos com melhor desempenho em diferentes níveis de stress salino no 20º e 30º dia de cultura é apresentado na fig. 1 e fig. 2, respetivamente.

### 4.1.3. Comprimento dos rebentos das plântulas

Aos 20 dias de cultura, os genótipos e os tratamentos foram considerados altamente significativos, enquanto houve uma diferença significativa entre as interações. O comprimento médio do rebento das plântulas dos quarenta genótipos em cada nível de salinidade é apresentado no quadro 7. A média geral dos genótipos em diferentes níveis de concentração de sal para o comprimento do rebento das plântulas variou de 0,40 cm (GE 522) a 4,06 cm (AF 459). Entre as interações, GS 261 (6,76 cm) foi o genótipo com melhor desempenho no controlo, seguido de AF 459 (3000 ppm-4,50 cm), AF 459 (6000 ppm- 5,30 cm), TNAU 44/2 (9000 ppm-2,93 cm) e AF 459 (12000 ppm-1,93 cm).

Tabela 5. Peso fresco das plântulas (em g) em diferentes níveis de stress salino no 20° dia de cultura

| S. Não. | Genótipos | Controlo | Concentração de sal | | | | Média** |
|---|---|---|---|---|---|---|---|
| | | | 3000 ppm | 6000 ppm | 9000 ppm | 12000 ppm | |
| 1. | Co 9 | 0.0170 | 0.0130 | 0.0030 | 0.0030 | 0.0040 | 0.0080 |
| 2. | GE 527 | 0.0307 | 0.0280 | 0.0140 | 0.0033 | 0.0030 | 0.0158 |
| 3. | GEC 534 | 0.0107 | 0.0180 | 0.0030 | 0.0030 | 0.0030 | 0.0075 |
| 4. | GS 133 | 0.0257 | 0.0287 | 0.0170 | 0.0217 | 0.0030 | 0.0192 |
| 5. | GS 261 | 0.0413 | 0.0200 | 0.0150 | 0.0030 | 0.0030 | 0.0165 |
| 6. | Malavi 1446 | 0.0313 | 0.0227 | 0.0247 | 0.0030 | 0.0030 | 0.0169 |
| 7. | MS 2944 | 0.0267 | 0.0073 | 0.0123 | 0.0030 | 0.0030 | 0.0105 |
| 8. | MS 8070 | 0.0287 | 0.0080 | 0.0070 | 0.0073 | 0.0030 | 0.0108 |
| 9. | TNAU 30 | 0.0247 | 0.0087 | 0.0033 | 0.0050 | 0.0030 | 0.0089 |
| 10. | TNAU 72 | 0.0287 | 0.0143 | 0.0057 | 0.0137 | 0.0113 | 0.0147 |
| 11. | AF 329 | 0.0287 | 0.0253 | 0.0280 | 0.0097 | 0.0030 | 0.0189 |
| 12. | Co 14 | 0.0230 | 0.0207 | 0.0173 | 0.0143 | 0.0030 | 0.0157 |
| 13. | GE 346 | 0.0287 | 0.0253 | 0.0180 | 0.0030 | 0.0030 | 0.0156 |
| 14. | GE 2510 | 0.0317 | 0.0247 | 0.0207 | 0.0133 | 0.0030 | 0.0187 |
| 15. | GS 431 | 0.0207 | 0.0153 | 0.0107 | 0.0053 | 0.0047 | 0.0113 |
| 16. | IE 3297/1 | 0.0433 | 0.0087 | 0.0217 | 0 .0107 | 0.0030 | 0.0175 |
| 17. | EM 9272 | 0.0287 | 0.0273 | 0.0220 | 0.0073 | 0.0030 | 0.0177 |
| 18. | TNAU 5 | 0.0450 | 0.0283 | 0.0113 | 0.0120 | 0.0030 | 0.0199 |
| 19. | TNAU 487 | 0.0173 | 0.0097 | 0.0150 | 0.0030 | 0.0087 | 0.0107 |
| 20. | TNAU 4833 | 0.0243 | 0.0433 | 0.0167 | 0.0030 | 0.0030 | 0.0181 |
| 21. | AF 459 | 0.0313 | 0.0403 | 0.0300 | 0.0133 | 0.0047 | 0.0239 |
| 22. | GE 522 | 0.0147 | 0.0393 | 0.0410 | 0.0030 | 0.0030 | 0.0202 |
| 23. | GEC 539 | 0.0303 | 0.0030 | 0.0033 | 0.0060 | 0.0030 | 0.0091 |
| 24. | GS 69 | 0.0253 | 0.0167 | 0.0150 | 0.0103 | 0.0047 | 0.0144 |
| 25. | GS 112 | 0.0280 | 0.0200 | 0.0150 | 0.0113 | 0.0050 | 0.0159 |
| 26. | Malavi 2028 | 0.0860 | 0.0030 | 0.0060 | 0.0030 | 0.0030 | 0.0202 |
| 27. | MS 8100 | 0.0113 | 0.0207 | 0.0167 | 0.0060 | 0.0047 | 0.0119 |
| 28. | TNAU 21 | 0.0267 | 0.0240 | 0.0247 | 0.0093 | 0.0033 | 0.0176 |
| 29. | TNAU 193 | 0.0307 | 0.0267 | 0.0210 | 0.0097 | 0.0037 | 0.0184 |
| 30. | TNAU 1008 | 0.0320 | 0.0340 | 0.0297 | 0.0087 | 0.0030 | 0.0215 |
| 31. | AF 269 | 0.0203 | 0.0300 | 0.0270 | 0.0153 | 0.0050 | 0.0195 |
| 32. | AF 3055 | 0.0260 | 0.0357 | 0.0170 | 0.0133 | 0.0030 | 0.0190 |
| 33. | GE 333 | 0.0337 | 0.0247 | 0.0123 | 0.0117 | 0.0030 | 0.0171 |
| 34. | GEC 417 | 0.0287 | 0.0113 | 0.0060 | 0.0030 | 0.0030 | 0.0104 |
| 35. | GEC 520 | 0.0147 | 0.0200 | 0.0080 | 0.0090 | 0.0030 | 0.0109 |
| 36. | GS 159 | 0.0233 | 0.0207 | 0.0150 | 0.0040 | 0.0030 | 0.0132 |
| 37. | Malavi 1876 | 0.0353 | 0.0270 | 0.0200 | 0.0050 | 0.0033 | 0.0181 |
| 38. | EM 2927 | 0.0333 | 0.0273 | 0.0220 | 0.0060 | 0.0050 | 0.0187 |

| | | | | | | | |
|---|---|---|---|---|---|---|---|
| 39. | MS 8068 | 0.0313 | 0.0300 | 0.0247 | 0.0030 | 0.0043 | 0.0187 |
| 40. | TNAU 44/2 | 0.0370 | 0.0280 | 0.0240 | 0.0133 | 0.0030 | 0.0211 |
| | **Média**** | 0.0289 | 0.0220 | 0.0166 | 0.0077 | 0.0038 | 0.0158 |

| | | SED | CD (0,05) | CD (0,01) |
|---|---|---|---|---|
| A | Genótipos | 0.0041 | 0.0081 | 0.0107 |
| B | Concentração de sal | 0.0014 | 0.0028 | 0.0038 |
| A x B | Genótipos x Concentração de sal | 0.0092 | 0.0182 | 0.0240 |

*** Significativo a 5%**

**** Significativo a 1%**

**Tabela 6. Peso fresco das plântulas (em g) em diferentes níveis de stress salino no 30° dia de cultura**

| S. Não. | Genótipos | Controlo | Concentração de sal | | | | Média** |
|---|---|---|---|---|---|---|---|
| | | | 3000 ppm | 6000 ppm | 9000 ppm | 12000 ppm | |
| 1. | Co 9 | 0.0130 | 0.0217 | 0.0113 | 0.0030 | 0.0030 | 0.0104 |
| 2. | GE 527 | 0.0290 | 0.0087 | 0.0213 | 0.0053 | 0.0030 | 0.0135 |
| 3. | GEC 534 | 0.0117 | 0.0053 | 0.0090 | 0.0067 | 0.0030 | 0.0071 |
| 4. | GS 133 | 0.0260 | 0.0173 | 0.0140 | 0.0087 | 0.0060 | 0.0144 |
| 5. | GS 261 | 0.0353 | 0.0237 | 0.0220 | 0.0057 | 0.0030 | 0.0179 |
| 6. | Malavi 1446 | 0.0083 | 0,027 0 | 0.0030 | 0.0030 | 0.0033 | 0.0089 |
| 7. | MS 2944 | 0.0153 | 0.0217 | 0.0133 | 0.0077 | 0.0030 | 0.0122 |
| 8. | MS 8070 | 0.0333 | 0.0513 | 0.0227 | 0.0050 | 0.0030 | 0.0231 |
| 9. | TNAU 30 | 0.0113 | 0.0170 | 0.0130 | 0.0050 | 0.0030 | 0.0099 |
| 10. | TNAU 72 | 0.0247 | 0.0367 | 0.0270 | 0.0077 | 0.0030 | 0.0198 |
| 11. | AF 329 | 0.0210 | 0.0323 | 0.0297 | 0.0107 | 0.0030 | 0.0193 |
| 12. | Co 14 | 0.0223 | 0.0423 | 0.0327 | 0.0113 | 0.0030 | 0.0223 |
| 13. | GE 346 | 0.0403 | 0.0103 | 0.0427 | 0.0143 | 0.0087 | 0.0233 |
| 14. | GE 2510 | 0.0157 | 0.0113 | 0.0143 | 0.0030 | 0.0033 | 0.0095 |
| 15. | GS 431 | 0.0070 | 0.0320 | 0.0147 | 0.0053 | 0.0030 | 0.0124 |
| 16. | IE 3297/1 | 0.0173 | 0.0187 | 0.0520 | 0.0173 | 0.0030 | 0.0217 |
| 17. | EM 9272 | 0.0367 | 0.0463 | 0.0217 | 0.0107 | 0.0080 | 0.0247 |
| 18. | TNAU 5 | 0.0270 | 0.0187 | 0.0280 | 0.0050 | 0.0030 | 0.0163 |
| 19. | TNAU 487 | 0.0187 | 0.0463 | 0.0240 | 0.0100 | 0.0030 | 0.0204 |
| 20. | TNAU 4833 | 0.0303 | 0.0187 | 0.0143 | 0.0030 | 0.0030 | 0.0139 |
| 21. | AF 459 | 0.0207 | 0.0233 | 0.0343 | 0.0083 | 0.0030 | 0.0179 |
| 22. | GE 522 | 0.0110 | 0.0150 | 0.0093 | 0.0317 | 0.0030 | 0.0140 |
| 23. | GEC 539 | 0.0253 | 0.0127 | 0.0163 | 0.0410 | 0.0030 | 0.0197 |
| 24. | GS 69 | 0.0263 | 0.0517 | 0.0173 | 0.0063 | 0.0320 | 0.0267 |
| 25. | GS 112 | 0.0427 | 0.0463 | 0.0437 | 0,003 0 | 0.0033 | 0.0278 |
| 26. | Malavi 2028 | 0.0283 | 0.0060 | 0.0030 | 0.0030 | 0.0033 | 0.0087 |
| 27. | MS 8100 | 0.0213 | 0.0257 | 0.0120 | 0.0153 | 0.0050 | 0.0159 |
| 28. | TNAU 21 | 0.0323 | 0.0240 | 0.0257 | 0.0030 | 0.0110 | 0.0192 |

| | | | | | | | |
|---|---|---|---|---|---|---|---|
| 29. | TNAU 193 | 0.0267 | 0.0290 | 0.0203 | 0.0030 | 0.0030 | 0.0164 |
| 30. | TNAU 1008 | 0.0300 | 0.0310 | 0.0257 | 0.0123 | 0.0050 | 0.0208 |
| 31. | AF 269 | 0.0303 | 0.0509 | 0.0443 | 0.0093 | 0.0030 | 0.0275 |
| 32. | AF 3055 | 0.0237 | 0.0150 | 0.0150 | 0.0033 | 0.0030 | 0.0120 |
| 33. | GE 333 | 0.0353 | 0.0187 | 0.0220 | 0.0067 | 0.0030 | 0.0171 |
| 34. | GEC 417 | 0.0207 | 0.0173 | 0.0087 | 0.0040 | 0.0030 | 0.0107 |
| 35. | GEC 520 | 0.0923 | 0.0490 | 0.0230 | 0.0160 | 0.0093 | 0.0379 |
| 36. | GS 159 | 0.0313 | 0.0373 | 0.0297 | 0.0120 | 0.0073 | 0.0235 |
| 37. | Malavi 1876 | 0.0297 | 0.0167 | 0.0123 | 0.0043 | 0.0030 | 0.0132 |
| 38. | EM 2927 | 0.0243 | 0.0080 | 0.0180 | 0.0063 | 0.0030 | 0.0119 |
| 39. | MS 8068 | 0.0240 | 0.0320 | 0.0263 | 0.0060 | 0.0107 | 0.0198 |
| 40. | TNAU 44/2 | 0.0250 | 0.0137 | 0.0163 | 0.0050 | 0.0030 | 0.0126 |
| | **Média**** | 0.0261 | 0.0257 | 0.0213 | 0.0087 | 0.0049 | 0.0173 |

| | | SED | CD (0,05) | CD (0,01) |
|---|---|---|---|---|
| A | Genótipos | 0.0060 | 0.0117 | 0.0154 |
| B | Concentração de sal | 0.0021 | 0.0041 | 0.0054 |
| A x B | Genótipos x Concentração de sal | 0.0133 | 0.0262 | 0.0344 |

*** Significativo a 5%**

**** Significativo a 1%**

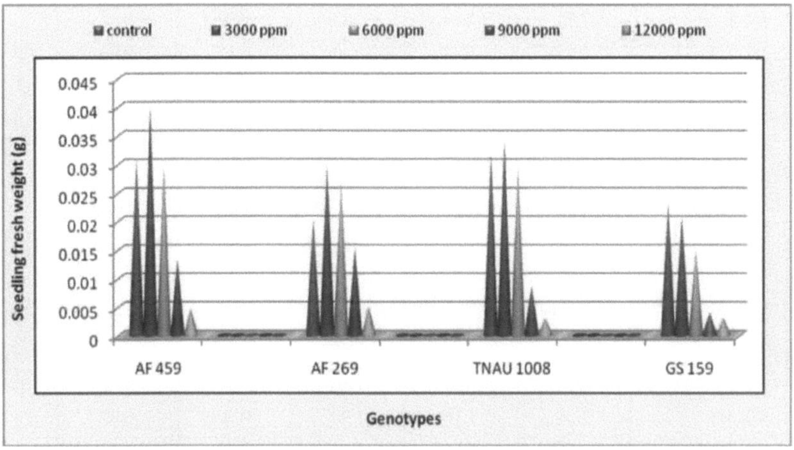


**Fig. 1. Peso fresco das plântulas (em g) dos quatro genótipos com melhor desempenho em diferentes níveis de stress salino no 20º dia de cultura**

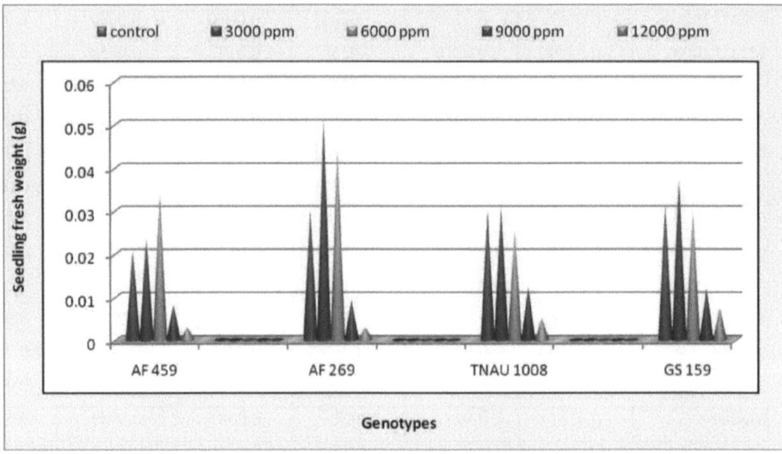


**Fig. 2. Plântula peso fresco (em g) de quatro genótipos com melhor desempenho em diferentes níveis de stress salino no 30° dia de cultura**

**Tabela 7. Comprimento dos rebentos das plântulas (em cm) em diferentes níveis de stress salino no 20° dia de cultura**

| S. Não. | Genótipos | Controlo | Concentração de sal | | | | Média** |
|---|---|---|---|---|---|---|---|
| | | | 3000 ppm | 6000 ppm | 9000 ppm | 12000 ppm | |
| 1. | Co 9 | 2.93 | 2.10 | 0.13 | 0.00 | 0.43 | 1.12 |
| 2. | GE 527 | 3.53 | 2.03 | 1.53 | 0.13 | 0.00 | 1.44 |
| 3. | GEC 534 | 1.63 | 1.53 | 0.00 | 0.46 | 0.00 | 0.72 |
| 4. | GS 133 | 2.23 | 2.30 | 1.73 | 0.60 | 0.33 | 1.44 |
| 5. | GS 261 | 6.76 | 1.90 | 1.40 | 0.00 | 0.00 | 2.01 |
| 6. | Malavi 1446 | 3.26 | 2.13 | 2.00 | 0.00 | 0.00 | 1.48 |
| 7. | MS 2944 | 3.30 | 0.83 | 1.40 | 0.30 | 0.00 | 1.16 |
| 8. | MS 8070 | 3.53 | 1.06 | 1.63 | 0.80 | 0.06 | 1.42 |
| 9. | TNAU 30 | 2.26 | 0.70 | 0.10 | 0.13 | 0.00 | 0.64 |
| 10. | TNAU 72 | 3.56 | 2.40 | 2.06 | 1.00 | 0.00 | 1.80 |
| 11. | AF 329 | 3.60 | 2.90 | 2.86 | 1.40 | 1.20 | 2.39 |
| 12. | Co 14 | 2.73 | 3.03 | 1.86 | 2.00 | 0.06 | 1.94 |
| 13. | GE 346 | 3.26 | 3.16 | 2.90 | 0.00 | 0.00 | 1.86 |
| 14. | GE 2510 | 3.46 | 2.60 | 2.53 | 1.20 | 0.00 | 1.96 |
| 15. | GS 431 | 4.10 | 2.70 | 3.00 | 0.80 | 0.06 | 2.13 |
| 16. | IE 3297/1 | 5.13 | 0.93 | 2.80 | 0.13 | 0.00 | 1.80 |
| 17. | EM 9272 | 4.13 | 3.80 | 3.20 | 1.16 | 0.10 | 2.48 |
| 18. | TNAU 5 | 4.73 | 3.93 | 1.93 | 1.66 | 0.10 | 2.47 |
| 19. | TNAU 487 | 3.20 | 1.73 | 2.43 | 0.00 | 0.70 | 1.61 |
| 20. | TNAU 4833 | 4.30 | 4.40 | 2.63 | 0.10 | 0.10 | 2.30 |
| 21. | AF 459 | 4.63 | 4.50 | 5.30 | 2.92 | 1.93 | 3.86 |

| | | | | | | | |
|---|---|---|---|---|---|---|---|
| 22. | GE 522 | 1.46 | 0.30 | 0.23 | 0.03 | 0.00 | 0.40 |
| 23. | GEC 539 | 4.36 | 1.86 | 1.83 | 1.13 | 0.10 | 1.86 |
| 24. | GS 69 | 3.90 | 3.96 | 2.56 | 2.00 | 0.60 | 2.60 |
| 25. | GS 112 | 4.20 | 2.53 | 1.90 | 1.20 | 0.73 | 2.11 |
| 26. | Malavi 2028 | 2.46 | 0.06 | 0.16 | 0.00 | 0.00 | 0.54 |
| 27. | MS 8100 | 2.06 | 3.50 | 3.00 | 0.76 | 0.56 | 1.98 |
| 28. | TNAU 21 | 4.86 | 3.33 | 3.00 | 1.63 | 0.33 | 2.63 |
| 29. | TNAU 193 | 4.63 | 3.33 | 2.63 | 0.83 | 0.40 | 2.36 |
| 30. | TNAU 1008 | 4.53 | 4.20 | 3.23 | 2.13 | 0.26 | 2.87 |
| 31. | AF 269 | 2.93 | 3.53 | 3.00 | 2.53 | 1.13 | 2.62 |
| 32. | AF 3055 | 3.83 | 3.43 | 2.13 | 2.06 | 0,1 0 | 2.31 |
| 33. | GE 333 | 4.03 | 2.93 | 2.86 | 1.26 | 0.03 | 2.22 |
| 34. | GEC 417 | 4.40 | 0.90 | 0.60 | 0.00 | 0.00 | 1.18 |
| 35. | GEC 520 | 6.40 | 3.03 | 2.03 | 1.16 | 0.10 | 2.54 |
| 36. | GS 159 | 2.73 | 3.00 | 2.90 | 1.06 | 0.13 | 1.96 |
| 37. | Malavi 1876 | 5.60 | 3.73 | 3.13 | 0.80 | 0.23 | 2.70 |
| 38. | EM 2927 | 4.90 | 3.53 | 3.13 | 1.43 | 0.63 | 2.72 |
| 39. | MS 8068 | 4.56 | 4.00 | 3.53 | 0.03 | 0.46 | 2.52 |
| 40. | TNAU 44/2 | 4.43 | 3.76 | 2.93 | 2.93 | 0.10 | 2.83 |
| | **Média**** | 3.81 | 2.64 | 2.20 | 0.94 | 0.27 | 1.97 |

| | | SED | CD (0,05) | CD (0,01) |
|---|---|---|---|---|
| A | Genótipos | 0.40 | 0.79 | 1.04 |
| B | Concentração de sal | 0.14 | 0.28 | 0.36 |
| A x B | Genótipos x Concentração de sal | 0.90 | 1.77 | 2.33 |

*** Significativo a 5%**

**** Significativo a 1%**

**Tabela 8. Comprimento dos rebentos das plântulas (em cm) em diferentes níveis de stress salino no 30º dia de cultura**

| S. Não. | Genótipos | Controlo | Concentração de sal | | | | Média** |
|---|---|---|---|---|---|---|---|
| | | | 3000 ppm | 6000 ppm | 9000 ppm | 12000 ppm | |
| 1. | Co 9 | 1.76 | 1.43 | 0.96 | 0.00 | 0.00 | 0.83 |
| 2. | GE 527 | 3.16 | 0.83 | 2.10 | 0.60 | 0.00 | 1.34 |
| 3. | GEC 534 | 2.56 | 1.60 | 1.40 | 0.93 | 0.00 | 1.30 |
| 4. | GS 133 | 3.80 | 2.73 | 1.16 | 0.40 | 0.70 | 1.76 |
| 5. | GS 261 | 4.46 | 2.86 | 1.73 | 0.83 | 0.00 | 1.98 |
| 6. | Malavi 1446 | 3.36 | 2.63 | 0.00 | 0.00 | 0.03 | 1.20 |
| 7. | MS 2944 | 3.40 | 1.80 | 1.50 | 0.93 | 0.00 | 1.52 |
| 8. | MS 8070 | 4.40 | 4.46 | 1.43 | 0.53 | 0.00 | 2.16 |
| 9. | TNAU 30 | 2.93 | 2.63 | 1.66 | 0.40 | 0.00 | 1.52 |
| 10. | TNAU 72 | 5.36 | 3.53 | 2.26 | 0.40 | 0.00 | 2.31 |

| | | | | | | | |
|---|---|---|---|---|---|---|---|
| 11. | AF 329 | 3.76 | 3.63 | 3.93 | 1.10 | 0.03 | 2.49 |
| 12. | Co 14 | 4.16 | 2.73 | 2.70 | 1.66 | 0.00 | 2.25 |
| 13. | GE 346 | 5.26 | 3.50 | 0.63 | 2.50 | 1.03 | 2.58 |
| 14. | GE 2510 | 2.40 | 2.33 | 2.46 | 0.00 | 0.06 | 1.45 |
| 15. | GS 431 | 0.86 | 3.13 | 2.56 | 0.53 | 0.00 | 1.42 |
| 16. | IE 3297/1 | 2.76 | 2.36 | 3.56 | 0.03 | 0.00 | 1.74 |
| 17. | EM 9272 | 5.06 | 5.06 | 3.63 | 1. 66 | 0.80 | 3.24 |
| 18. | TNAU 5 | 4.90 | 3.20 | 4.20 | 0.56 | 0.10 | 2.59 |
| 19. | TNAU 487 | 2.76 | 3.80 | 2.63 | 1.20 | 0.00 | 2.08 |
| 20. | TNAU 4833 | 5.73 | 2.80 | 2.30 | 0.00 | 0.00 | 2.16 |
| 21. | AF 459 | 4.93 | 5.76 | 5.66 | 1.23 | 0.10 | 3.53 |
| 22. | GE 522 | 1.66 | 2.36 | 0.93 | 0.60 | 0.00 | 1.11 |
| 23. | GEC 539 | 3.43 | 2.20 | 3.33 | 3.13 | 0.00 | 2.42 |
| 24. | GS 69 | 4.10 | 4.56 | 2.90 | 1.53 | 0.70 | 2.76 |
| 25. | GS 112 | 6.10 | 3.63 | 4.30 | 0.10 | 0.53 | 2.90 |
| 26. | Malavi 2028 | 4.10 | 0.90 | 0.00 | 0.00 | 0.00 | 1.00 |
| 27. | MS 8100 | 4.16 | 2.70 | 1.83 | 2.53 | 1.06 | 2.46 |
| 28. | TNAU 21 | 4.53 | 3.80 | 3.10 | 0.06 | 0.06 | 2.31 |
| 29. | TNAU 193 | 5.23 | 4.43 | 3.53 | 0.06 | 0.06 | 2.66 |
| 30. | TNAU 1008 | 5.76 | 4.00 | 4.40 | 3.26 | 0.53 | 3.59 |
| 31. | AF 269 | 4.43 | 2.40 | 1.23 | 1.73 | 0.10 | 1.98 |
| 32. | AF 3055 | 4.66 | 3.16 | 3.30 | 0.13 | 0.00 | 2.25 |
| 33. | GE 333 | 5.26 | 2.46 | 3.33 | 0.86 | 0.00 | 2.38 |
| 34. | GEC 417 | 3.40 | 1.23 | 1.56 | 0.20 | 0.00 | 1.28 |
| 35. | GEC 520 | 8.76 | 4.66 | 3.26 | 2.40 | 2.06 | 4.23 |
| 36. | GS 159 | 5.90 | 4.90 | 3.03 | 0.40 | 0.03 | 2.85 |
| 37. | Malavi 1876 | 4.43 | 1.73 | 2.13 | 0.16 | 0.10 | 1.71 |
| 38. | EM 2927 | 3.96 | 1.06 | 3.43 | 0.90 | 0.10 | 1.89 |
| 39. | MS 8068 | 3.80 | 2.80 | 4.16 | 0.66 | 1.53 | 2.59 |
| 40. | TNAU 44/2 | 4.53 | 2.63 | 2.90 | 0.66 | 0.06 | 2.16 |
| | **Média**** | 4.14 | 2.96 | 2.53 | 0.87 | 0.24 | 2.15 |

| | | SED | CD (0,05) | CD (0,01) |
|---|---|---|---|---|
| A | Genótipos | 0.43 | 0.86 | 1.13 |
| B | Concentração de sal | 0.15 | 0.30 | 0.40 |
| A x B | Genótipos x Concentração de sal | 0.98 | 1.92 | 2.53 |

*** Significativo a 5%**

**** Significativo a 1%**

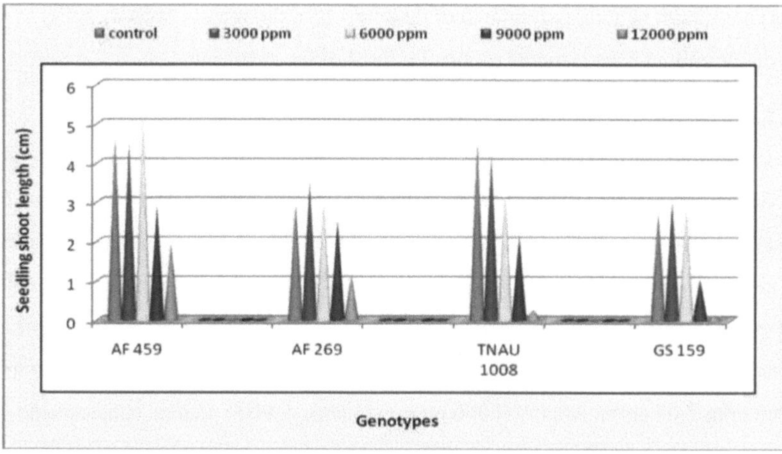


**Fig. 3. Comprimento do rebento das plântulas (em cm) dos quatro genótipos com melhor desempenho em diferentes níveis de stress salino no 20° dia de cultura**

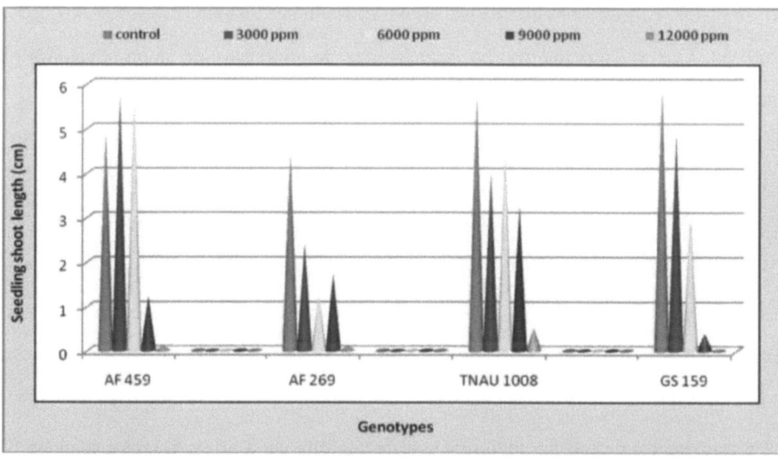


**Fig. 4. Comprimento dos rebentos das plântulas (em cm) dos quatro genótipos com melhor desempenho em diferentes níveis de stress salino no 30° dia de cultura**

Após 30 dias de cultivo, houve uma diferença altamente significativa entre os genótipos e entre os tratamentos. O comprimento médio dos rebentos das plântulas de quarenta genótipos em diferentes níveis de stress salino, ao 30° dia, é apresentado no quadro 8. A média geral dos genótipos em diferentes níveis de concentração de sal variou de 0,83 cm (Co 9) a 4,23 cm (GEC 520). Os genótipos com melhor desempenho em diferentes níveis foram GEC 520 (controlo-8,76 cm), AF 459 (3000 ppm-5,76 cm e 6000 ppm-5,66 cm), TNAU 1008 (9000 ppm-3,26 cm) e GEC 520 (12000 ppm-2,06 cm). O comprimento dos rebentos das plântulas (em cm) dos quatro genótipos com melhor desempenho a diferentes níveis de stress salino no 20º e 30º dia de cultura é apresentado na fig. 3 e fig. 4, respetivamente.

### 4.1.4. Comprimento da raiz das plântulas

Houve uma diferença altamente significativa entre os genótipos, os tratamentos e as suas interações aos 20 dias de cultura. O comprimento médio da raiz das plântulas aos vinte dias de cada genótipo no controlo e nos quatro níveis de salinidade é apresentado no quadro 9. A média geral dos genótipos em diferentes níveis de concentração de sal, incluindo um controlo, variou entre 0,38 cm (GE 522) e 3,98 cm (TNAU 1008). No controlo, o genótipo que apresentou o maior comprimento de raiz foi o GE 333 (6,23 cm), seguido pelos genótipos GS 69 (3000 ppm-7,03 cm) e AF 459 (6000 ppm-6,43 cm). A 9000 ppm de concentração de sal, o genótipo AF 3055 (3,83 cm) e a 12000 ppm, o genótipo AF 329 (2,83 cm) responderam bem.

Aos 30 dias de cultura, os genótipos e os tratamentos foram considerados altamente significativos. O comprimento médio de rebentos de plântulas de quarenta genótipos em diferentes níveis de stress salino é apresentado no quadro 10. O comprimento médio geral da raiz das plântulas dos genótipos a t quatro níveis de salinidade variou de 1,08 cm (GEC 534) a 4,76 cm (TNAU 1008). Entre as interações, o genótipo Malavi 1876 (9,16 cm) teve um bom desempenho no controlo, seguido por TNAU 193 (7,83 cm) e TNAU 1008 (7,83 cm) a 3000 ppm, GS 112 (6000 ppm-7,03 cm), TNAU 1008 (9000 ppm-3,83 cm) e GE 346 (12000 ppm-1,16 cm). O comprimento da raiz das plântulas (em cm) dos quatro genótipos com melhor desempenho em diferentes níveis de stress salino no 20º e 30º dia de cultura é apresentado na fig. 5 e fig. 6, respetivamente.

**Tabela 9. Comprimento da raiz das plântulas (em cm) em diferentes níveis de stress salino no 20º dia de cultura**

| S. Não. | Genótipos | Controlo | Concentração de sal | | | | Média** |
|---|---|---|---|---|---|---|---|
| | | | 3000 ppm | 6000 ppm | 9000 ppm | 12000 ppm | |
| 1. | Co 9 | 3.16 | 1.63 | 0.00 | 0.00 | 0.30 | 1.02 |
| 2. | GE 527 | 3.43 | 3.36 | 1.83 | 0.00 | 0.00 | 1.72 |
| 3. | GEC 534 | 2.70 | 2.66 | 0.00 | 0.03 | 0.00 | 1.08 |
| 4. | GS 133 | 3.00 | 4.06 | 1.73 | 0.43 | 0.03 | 1.85 |
| 5. | GS 261 | 3.80 | 2.56 | 1.43 | 0.00 | 0.00 | 1.56 |
| 6. | Malavi 1446 | 4.00 | 2.03 | 2.56 | 0.00 | 0.00 | 1.72 |
| 7. | MS 2944 | 3.73 | 0.86 | 1.53 | 0.06 | 0.00 | 1.24 |
| 8. | MS 8070 | 3.63 | 0.60 | 0.70 | 0.30 | 0.00 | 1.04 |

| | | | | | | | |
|---|---|---|---|---|---|---|---|
| 9. | TNAU 30 | 4.16 | 1.10 | 0.06 | 0.00 | 0.00 | 1.06 |
| 10. | TNAU 72 | 4.80 | 3.36 | 4.10 | 1.63 | 0.00 | 2.78 |
| 11. | AF 329 | 4.36 | 3.93 | 4.16 | 0.70 | 2.83 | 3.20 |
| 12. | Co 14 | 3.40 | 3.46 | 2.90 | 2.86 | 0.03 | 2.53 |
| 13. | GE 346 | 3.50 | 4.56 | 3.06 | 0.00 | 0.00 | 2.22 |
| 14. | GE 2510 | 5.76 | 4.16 | 4.76 | 1.00 | 0.03 | 3.14 |
| 15. | GS 431 | 3.70 | 2.53 | 2.56 | 0.80 | 0.13 | 1.94 |
| 16. | IE 3297/1 | 5.66 | 1.36 | 4.06 | 0.00 | 0.00 | 2.22 |
| 17. | EM 9272 | 4.70 | 4.06 | 2.36 | 0.73 | 0.00 | 2.37 |
| 18. | TNAU 5 | 6.03 | 3.33 | 2.83 | 2.53 | 0.00 | 2.94 |
| 19. | TNAU 487 | 3.13 | 1.93 | 3.66 | 0.00 | 0.46 | 1.84 |
| 20. | TNAU 4833 | 5.13 | 4.63 | 3.03 | 0.00 | 0.00 | 2.56 |
| 21. | AF 459 | 5.16 | 5.86 | 6.43 | 0.13 | 0.96 | 3.71 |
| 22. | GE 522 | 1.90 | 0.03 | 0.00 | 0.00 | 0.00 | 0.38 |
| 23. | GEC 539 | 5.43 | 2.10 | 2.10 | 0.53 | 0.00 | 2.03 |
| 24. | GS 69 | 4.83 | 7.03 | 3.56 | 1.66 | 0.40 | 3.50 |
| 2 5. | GS 112 | 5.53 | 3.90 | 2.60 | 1.66 | 0.76 | 2.89 |
| 26. | Malavi 2028 | 4.00 | 0.03 | 1.00 | 0.00 | 0.00 | 1.00 |
| 27. | MS 8100 | 1.70 | 4.10 | 3.03 | 0.36 | 0.16 | 1.87 |
| 28. | TNAU 21 | 4.33 | 3.26 | 4.76 | 1.50 | 0.16 | 2.80 |
| 29. | TNAU 193 | 5.40 | 4.83 | 3.16 | 1.10 | 0.10 | 2.92 |
| 30. | TNAU 1008 | 4.76 | 6.90 | 4.93 | 3.33 | 0.00 | 3.98 |
| 31. | AF 269 | 3.76 | 6.00 | 4.80 | 2.33 | 0.20 | 3.42 |
| 32. | AF 3055 | 4.53 | 5.96 | 3.20 | 3.83 | 0.00 | 3.50 |
| 33. | GE 333 | 6.23 | 4.36 | 2.83 | 1.66 | 0.00 | 3.02 |
| 34. | GEC 417 | 4.50 | 1.50 | 0.90 | 0.10 | 0.10 | 1.42 |
| 35. | GEC 520 | 4.43 | 4.23 | 3.50 | 1.33 | 0.00 | 2.70 |
| 36. | GS 159 | 4.23 | 4.70 | 4.13 | 1.50 | 0.03 | 2.92 |
| 37. | Malavi 1876 | 5.63 | 4.26 | 4.36 | 0.93 | 0.00 | 3.04 |
| 38. | EM 2927 | 4.93 | 4.53 | 4.36 | 1.50 | 0.33 | 3.13 |
| 39. | MS 8068 | 4.43 | 4.80 | 2.60 | 0.00 | 0.06 | 2.38 |
| 40. | TNAU 44/2 | 6.00 | 4.80 | 4.23 | 3.43 | 0.00 | 3.69 |
| | **Média**** | 4.34 | 3.48 | 2.84 | 0.95 | 0.17 | 2.36 |

| | | **SED** | **CD (0,05)** | **CD (0,01)** |
|---|---|---|---|---|
| A | Genótipos | 0.50 | 0.99 | 1.30 |
| B | Concentração de sal | 0.17 | 0.35 | 0.46 |
| A x B | Genótipos x Concentração de sal | 1.12 | 2.22 | 2.92 |

*** Significativo a 5%**

**** Significativo a 1%**

**Tabela 10. Comprimento da raiz das plântulas (em cm) em diferentes níveis de stress salino no 30° dia de cultura**

| S. Não. | Genótipos | Controlo | Concentração de sal | | | | Média** |
|---|---|---|---|---|---|---|---|
| | | | 3000 ppm | 6000 ppm | 9000 ppm | 12000 ppm | |
| 1. | Co 9 | 2.06 | 3.00 | 2.00 | 0.00 | 0.00 | 1.41 |
| 2. | GE 527 | 3.33 | 1.23 | 3.33 | 0.16 | 0.00 | 1.61 |
| 3. | GEC 534 | 2.53 | 1.33 | 1.36 | 0.16 | 0.00 | 1.08 |
| 4. | GS 133 | 4.66 | 4.86 | 1.83 | 0.36 | 0.06 | 2.36 |
| 5. | GS 261 | 6.70 | 5.03 | 2.36 | 0.63 | 0.00 | 2.94 |
| 6. | Malavi 1446 | 5.53 | 3.70 | 0.00 | 0.00 | 0.00 | 1.84 |
| 7. | MS 2944 | 5.33 | 2.73 | 1.30 | 0.53 | 0.00 | 1.98 |
| 8. | MS 8070 | 4.76 | 6.33 | 1.56 | 0.10 | 0.00 | 2.55 |
| 9. | TNAU 30 | 3.63 | 2.70 | 1.36 | 0.03 | 0.00 | 1.54 |
| 10. | TNAU 72 | 5.06 | 4.23 | 3.10 | 0.10 | 0.00 | 2.50 |
| 11. | AF 329 | 3.93 | 6.36 | 6.70 | 0.66 | 0.00 | 3.53 |
| 12. | Co 14 | 4.66 | 2.06 | 4.53 | 1.83 | 0.00 | 2.62 |
| 13. | GE 346 | 2.73 | 6.10 | 0.00 | 3.73 | 1.16 | 2.74 |
| 14. | GE 2510 | 3.83 | 2.43 | 4.50 | 0.00 | 0.03 | 2.16 |
| 15. | GS 431 | 0.10 | 5.66 | 4.00 | 0.13 | 0.00 | 1.98 |
| 16. | IE 3297/1 | 3.90 | 4.16 | 6.13 | 0.00 | 0.00 | 2.84 |
| 17. | EM 9272 | 5.60 | 5.96 | 4.90 | 0.83 | 0.03 | 3.46 |
| 18. | TNAU 5 | 7.00 | 3.56 | 6.23 | 0.06 | 0.00 | 3.37 |
| 19. | TNAU 487 | 2.10 | 4.06 | 4.16 | 0.86 | 0.00 | 2.24 |
| 20. | TNAU 4833 | 3.90 | 3.83 | 3.00 | 0.00 | 0.00 | 2.14 |
| 21. | AF 459 | 4.06 | 4.26 | 5.00 | 1.13 | 0.00 | 2.89 |
| 22. | GE 522 | 2.33 | 3.10 | 1.20 | 0.20 | 0.00 | 1.36 |
| 23. | GEC 539 | 4.40 | 3.83 | 2.83 | 1.50 | 0.00 | 2.51 |
| 24. | GS 69 | 6.36 | 7.50 | 5.00 | 0.50 | 0.10 | 3.89 |
| 25. | GS 112 | 5.06 | 5.83 | 7.03 | 0.00 | 0.10 | 3.60 |
| 26. | Malavi 2028 | 6.70 | 0.20 | 0.00 | 0.00 | 0.00 | 1.38 |
| 27. | MS 8100 | 5.33 | 3.56 | 2.50 | 0.43 | 0.50 | 2.46 |
| 28. | TNAU 21 | 5.93 | 5.5 0 | 4.66 | 0.00 | 0.00 | 3.22 |
| 29. | TNAU 193 | 5.66 | 7.83 | 6.06 | 0.00 | 0.00 | 3.91 |
| 30. | TNAU 1008 | 6.16 | 7.83 | 5.93 | 3.83 | 0.06 | 4.76 |
| 31. | AF 269 | 7.00 | 5.16 | 3.43 | 2.00 | 0.00 | 3.52 |
| 32. | AF 3055 | 4.30 | 4.33 | 4.83 | 0.03 | 0.00 | 2.70 |
| 33. | GE 333 | 9.33 | 3.00 | 3.50 | 1.50 | 0.00 | 3.46 |
| 34. | GEC 417 | 6.76 | 1.83 | 2.10 | 0.03 | 0.00 | 2.14 |
| 35. | GEC 520 | 6.66 | 7.73 | 6.00 | 1.76 | 0.50 | 4.53 |
| 36. | GS 159 | 6.06 | 6.46 | 5.86 | 2.26 | 0.03 | 4.14 |
| 37. | Malavi 1876 | 9.16 | 3.56 | 4.83 | 0.00 | 0.00 | 3.51 |

| | | | | | | | |
|---|---|---|---|---|---|---|---|
| 38. | EM 2927 | 7.00 | 0.80 | 6.13 | 0.16 | 0.00 | 2.82 |
| 39. | MS 8068 | 7.66 | 4.53 | 4.06 | 0.16 | 0.33 | 3.35 |
| 40. | TNAU 44/2 | 5.83 | 2.00 | 1.66 | 0.00 | 0.00 | 1.90 |
| | **Média**** | 5.07 | 4.20 | 3.62 | 0.64 | 0.07 | 2.72 |

| | | SED | CD (0,05) | CD (0,01) |
|---|---|---|---|---|
| A | Genótipos | 0.72 | 1.42 | 1.87 |
| B | Concentração de sal | 0.25 | 0.50 | 0.66 |
| A x B | Genótipos x Concentração de sal | 1.61 | 3.17 | 4.18 |

*** Significativo a 5%**

**** Significativo a 1%**

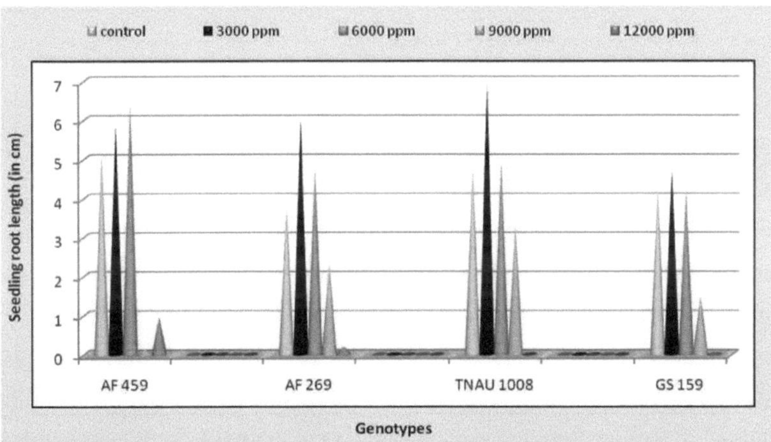


**Fig. 5. Comprimento da raiz das plântulas (em cm) dos quatro genótipos com melhor desempenho em diferentes níveis de stress salino no 20° dia de cultura**

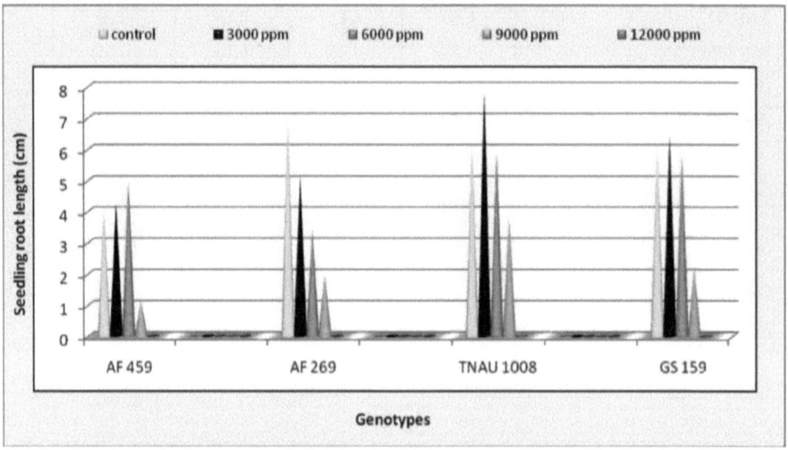


**Fig. 6. Comprimento da raiz das plântulas (em cm) dos quatro genótipos com melhor desempenho em diferentes níveis de stress salino no 30º dia de cultura**

## 4.1.5. Comprimento das plântulas

As diferenças entre os genótipos, os tratamentos e as suas interações no 20º dia de cultura foram consideradas altamente significativas. O comprimento médio das plântulas de cada genótipo no controlo e nos quatro níveis de salinidade é apresentado no quadro 11. A média geral dos genótipos em diferentes níveis de concentração de sal para o comprimento das plântulas variou de 0,79 cm (GE 522) a 7,05 cm (AF 459). No controlo, o genótipo que apresentou um comprimento de plântula elevado foi o Malavi 1876 (11,23 cm). Os desempenhos dos genótipos para o comprimento das plântulas em diferentes níveis de stress salino foram TNAU 1008 (3000 ppm- 11,10 cm), AF 459 (6000 ppm-11,73 cm), TNAU 44/2 (9000 ppm- 6,36 cm) e AF 329 (12000 ppm-4,03 cm).

Foram encontradas diferenças altamente significativas entre os genótipos, os tratamentos e as suas interações aos 30 dias de cultura. O comprimento médio das raízes das plântulas aos trinta dias de cada genótipo no controlo e nos quatro níveis de salinidade é apresentado no quadro 12. O comprimento médio geral das plântulas dos genótipos em quatro níveis de salinidade, *a saber,* 3000 ppm, 6000 ppm, 9000 ppm e 12000 ppm, variou de 2,38 cm (Co 9) a 8,41 cm (GEC 520). Os seguintes genótipos GEC 520 (no controlo - 15,43 cm e a 3000 ppm - 12,40 cm), AF 459 (6000 ppm - 10,66 cm), TNAU 1008 (9000 ppm - 7,10 cm) e GEC 520 (12000 ppm - 2,56 cm) responderam bem a vários níveis de concentrações de sal. O comprimento das plântulas (em cm) dos quatro genótipos com melhor desempenho em diferentes níveis de stress salino no 20° e 30° dia de cultura é apresentado na fig. 7 e fig. 8, respetivamente.

### 4.1.6. Peso seco das plântulas

Houve uma diferença altamente significativa entre os genótipos, tratamentos e suas interações no 20° dia de cultura para o peso seco das plântulas. A média do peso seco das plântulas de cada genótipo no controlo e nos quatro níveis de salinidade é apresentada no quadro 13. A média geral do peso seco das plântulas dos genótipos nos quatro níveis de salinidade variou de 0,0019 g (Co 9, GEC 520) a 0,0039 g (AF 329). No controlo, o genótipo TNAU 5 (0,0073 g) teve um bom desempenho. Os genótipos Malavi 1446 (0,0070 g) e GE 346 (0,0055 g) tiveram uma boa resposta em dois níveis de salinidade, *ou seja,* 6000 ppm e 9000 ppm, respetivamente. A resposta de

**Tabela 11. Comprimento das plântulas (em cm) em diferentes níveis de stress salino no 20° dia de cultura**

| S. Não. | Genótipos | Controlo | Concentração de sal | | | | Média** |
|---|---|---|---|---|---|---|---|
| | | | 3000 ppm | 6000 ppm | 9000 ppm | 12000 ppm | |
| 1. | Co 9 | 6.10 | 3.73 | 0.13 | 0.00 | 0.73 | 2.14 |
| 2. | GE 527 | 6.96 | 5.40 | 3.36 | 0.13 | 0.00 | 3.17 |
| 3. | GEC 534 | 4.33 | 4.20 | 0.00 | 0.50 | 0.00 | 1.80 |
| 4. | GS 133 | 5.23 | 6.36 | 3.46 | 1.03 | 0.36 | 3.29 |
| 5. | GS 261 | 10.56 | 4.46 | 2.83 | 0.00 | 0.00 | 3.57 |
| 6. | Malavi 1446 | 7.26 | 4.16 | 4.56 | 0.00 | 0.00 | 3.20 |
| 7. | MS 2944 | 7.03 | 1.70 | 2.93 | 0.36 | 0.00 | 2.40 |
| 8. | MS 8070 | 7.16 | 1.66 | 2.33 | 1.10 | 0.06 | 2.46 |
| 9. | TNAU 30 | 6.43 | 1.80 | 0.16 | 0.13 | 0.00 | 1.70 |
| 10. | TNAU 72 | 8.36 | 5.76 | 6.16 | 2.63 | 0.00 | 4.58 |
| 11. | AF 329 | 7.96 | 6.83 | 7.03 | 2.10 | 4.03 | 5.59 |
| 12. | Co 14 | 6.13 | 6.50 | 4.76 | 4.86 | 0.10 | 4.47 |
| 13. | GE 346 | 6.76 | 7.73 | 5.96 | 0.00 | 0.00 | 4.09 |
| 14. | GE 2510 | 9.23 | 6.76 | 7.30 | 2.20 | 0.03 | 5.10 |
| 15. | GS 431 | 7.80 | 5.23 | 5.56 | 1.60 | 0.20 | 4.08 |
| 16. | IE 3297/1 | 10.80 | 2.30 | 6.86 | 0.13 | 0.00 | 4.02 |
| 17. | EM 9272 | 8.83 | 7.86 | 5.56 | 1.90 | 0.10 | 4.8 5 |
| 18. | TNAU 5 | 10.76 | 7.26 | 4.76 | 4.20 | 0.10 | 5.42 |
| 19. | TNAU 487 | 6.33 | 3.66 | 6.10 | 0.00 | 1.16 | 3.45 |
| 20. | TNAU 4833 | 9.43 | 9.03 | 5.66 | 0.10 | 0.10 | 4.86 |
| 21. | AF 459 | 9.80 | 10.36 | 11.73 | 0.50 | 2.90 | 7.05 |
| 22. | GE 522 | 3.36 | 0.33 | 0.23 | 0.03 | 0.00 | 0.79 |
| 23. | GEC 539 | 9.80 | 3.96 | 3.93 | 1.66 | 0.10 | 3.89 |

| 24. | GS 69 | 8.73 | 11.00 | 6.13 | 3.66 | 1.00 | 6.10 |
|---|---|---|---|---|---|---|---|
| 25. | GS 112 | 9.73 | 6.43 | 4.50 | 2.86 | 1.50 | 5.00 |
| 26. | Malavi 2028 | 6.46 | 0.10 | 1.16 | 0.00 | 0.00 | 1.54 |
| 27. | MS 8100 | 3.76 | 7.60 | 6.03 | 1.13 | 0.73 | 3.85 |
| 28. | TNAU 21 | 9.20 | 6.60 | 7.76 | 3.13 | 0.50 | 5.44 |
| 29. | TNAU 193 | 10.03 | 8.16 | 5.80 | 1.93 | 0.50 | 5.28 |
| 30. | TNAU 1008 | 9.30 | 11.10 | 8.16 | 5.46 | 0.26 | 6.86 |
| 31. | AF 269 | 6.70 | 9.53 | 7.80 | 4.86 | 1.33 | 6.04 |
| 32. | AF 3055 | 8.36 | 9.40 | 5.33 | 5.90 | 0.10 | 5.82 |
| 33. | GE 333 | 10.26 | 7.30 | 5.70 | 2.93 | 0.03 | 5.24 |
| 34. | GEC 417 | 8.90 | 2.40 | 1.50 | 0.10 | 0.10 | 2.60 |
| 35. | GEC 520 | 10.83 | 7.26 | 5.53 | 2.50 | 0.10 | 5.24 |
| 36. | GS 159 | 6.96 | 7.70 | 7.03 | 2.56 | 0.16 | 4.88 |
| 37. | Malavi 1876 | 11.23 | 8.00 | 7.50 | 1.73 | 0.23 | 5.74 |
| 38. | EM 2927 | 9.83 | 8.06 | 7.50 | 2.93 | 0.96 | 5.86 |
| 39. | MS 8068 | 9.00 | 8.80 | 6.13 | 0.03 | 0.53 | 4.90 |
| 40. | TNAU 44/2 | 10.43 | 8.56 | 7.16 | 6.36 | 0.10 | 6.52 |
| | **Média**** | 8.15 | 6.12 | 5.05 | 1.83 | 0.45 | 4.32 |

| | | SED | CD (0,05) | CD (0,01) |
|---|---|---|---|---|
| A | Genótipos | 0.85 | 1.67 | 2.20 |
| B | Concentração de sal | 0.30 | 0.59 | 0.77 |
| A x B | Genótipos x Concentração de sal | 1.90 | 3.73 | 4.92 |

*** Significativo a 5%**

**** Significativo a 1%**

**Tabela 12. Comprimento das plântulas (em cm) em diferentes níveis de stress salino no 30º dia de cultivo**

| S. Não. | Genótipos | Controlo | Concentração de sal | | | | Média** |
|---|---|---|---|---|---|---|---|
| | | | 3000 ppm | 6000 ppm | 9000 ppm | 12000 ppm | |
| 1. | Co 9 | 3.83 | 4.43 | 3.63 | 0.00 | 0.00 | 2.38 |
| 2. | GE 527 | 6.50 | 2.06 | 4.10 | 0.76 | 0.00 | 2.68 |
| 3. | GEC 534 | 5.10 | 2.93 | 3.40 | 1.10 | 0.00 | 2.50 |
| 4. | GS 133 | 8.46 | 7.60 | 3.03 | 0.76 | 0.76 | 4.12 |
| 5. | GS 261 | 11.16 | 7.90 | 3.06 | 1.46 | 0.00 | 4.72 |
| 6. | Malavi 1446 | 8.90 | 6.33 | 1.70 | 0.00 | 0.03 | 3.39 |
| 7. | MS 2944 | 8.73 | 4.53 | 2.20 | 1.46 | 0.00 | 3.38 |
| 8. | MS 8070 | 9.16 | 10.8 | 3.56 | 0.63 | 0.00 | 4.83 |
| 9. | TNAU 30 | 6.56 | 5.33 | 2.70 | 0.43 | 0.00 | 3.00 |
| 10. | TNAU 72 | 10.43 | 7.76 | 4.70 | 0.50 | 0.00 | 4.68 |
| 11. | AF 329 | 7.70 | 10.00 | 9.73 | 1.76 | 0.03 | 5.84 |
| 12. | Co 14 | 8.83 | 4.80 | 7.00 | 3.50 | 0.00 | 4.82 |

| 13. | GE 346 | 8.00 | 9.60 | 2.80 | 6.23 | 2.20 | 5.76 |
|---|---|---|---|---|---|---|---|
| 14. | GE 2510 | 6.23 | 4.76 | 4.80 | 0.00 | 0.10 | 3.18 |
| 15. | GS 431 | 0.96 | 8.80 | 7.40 | 0.66 | 0.00 | 3.56 |
| 16. | IE 3297/1 | 6.66 | 6.53 | 8.63 | 0.03 | 0.00 | 4.37 |
| 17. | EM 9272 | 10.66 | 11.03 | 8.36 | 2.50 | 0.83 | 6.68 |
| 18. | TNAU 5 | 11.90 | 6.76 | 10.26 | 0.63 | 0.10 | 5.93 |
| 19. | TNAU 487 | 4.86 | 7.86 | 7.03 | 2.06 | 0.00 | 4.36 |
| 20. | TNAU 4833 | 9.63 | 6.63 | 6.40 | 0.00 | 0.00 | 4.53 |
| 21. | AF 459 | 9.00 | 10.02 | 10.66 | 2.36 | 0.10 | 6.42 |
| 22. | GE 522 | 4.00 | 5.46 | 3.46 | 0.80 | 0.00 | 2.74 |
| 23. | GEC 539 | 7.83 | 6.03 | 5.33 | 4.63 | 0.00 | 4.76 |
| 24. | GS 69 | 10.46 | 12.06 | 7.40 | 2.03 | 0.80 | 6.55 |
| 25. | GS 112 | 11.16 | 9.46 | 10.33 | 0.10 | 0.63 | 6.34 |
| 26. | Malavi 2028 | 10.80 | 1.10 | 2.33 | 0.00 | 0.00 | 2.84 |
| 27. | MS 8100 | 9.50 | 6.26 | 3.33 | 2.96 | 1.56 | 4.72 |
| 28. | TNAU 21 | 10.46 | 9.30 | 6.76 | 0.06 | 0.06 | 5.33 |
| 29. | TNAU 193 | 10.90 | 12.26 | 9.93 | 0.06 | 0.06 | 6.64 |
| 30. | TNAU 1008 | 11.93 | 11.83 | 10.06 | 7.10 | 0.60 | 8.30 |
| 31. | AF 269 | 13.43 | 9.56 | 6.36 | 3.73 | 0.10 | 6.64 |
| 32. | AF 3055 | 8.96 | 7.50 | 5.86 | 0.16 | 0.00 | 4.50 |
| 33. | GE 333 | 14.60 | 5.46 | 8.33 | 2.36 | 0.00 | 6.15 |
| 34. | GEC 417 | 10.16 | 3.06 | 3.43 | 0.23 | 0.00 | 3.38 |
| 35. | GEC 520 | 15.43 | 12.40 | 7.50 | 4.16 | 2.56 | 8.41 |
| 36. | GS 159 | 13.96 | 11.36 | 10.23 | 2.66 | 0.06 | 7.66 |
| 37. | Malavi 1876 | 13.60 | 5.30 | 8.46 | 0.16 | 0.10 | 5.52 |
| 38. | EM 2927 | 10.96 | 1.86 | 7.66 | 1.06 | 0.10 | 4.33 |
| 39. | MS 8068 | 11.46 | 7.33 | 8.96 | 0.83 | 1.86 | 6.09 |
| 40. | TNAU 44/2 | 10.36 | 4.63 | 5.40 | 0.66 | 0.06 | 4.22 |
| | **Média**** | 9.33 | 7.21 | 6.15 | 1.51 | 0.31 | 4.90 |

| | | SED | CD (0,05) | CD (0,01) |
|---|---|---|---|---|
| A | Genótipos | 1.08 | 2.13 | 2.81 |
| B | Concentração de sal | 0.38 | 0.75 | 0.99 |
| A x B | Genótipos x Concentração de sal | 2.43 | 4.78 | 6.29 |

*** Significativo a 5%**

**** Significativo a 1%**

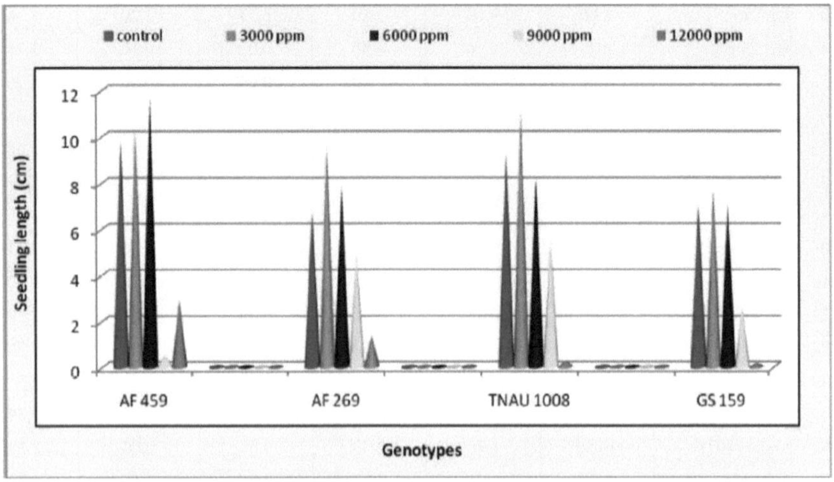


**Fig. 7. Comprimento das plântulas (em cm) dos quatro genótipos com melhor desempenho em diferentes níveis de stress salino no 20° dia de cultura**

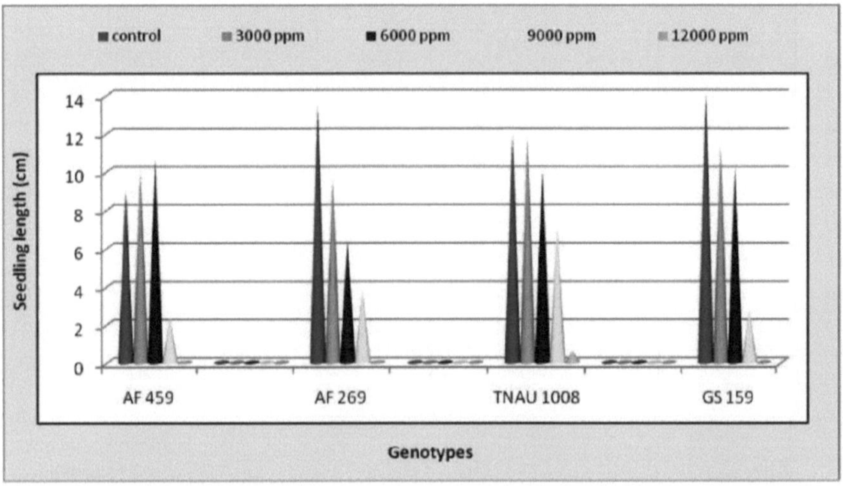


**Fig. 8. Comprimento das plântulas (em cm) dos quatro genótipos com melhor desempenho em diferentes níveis de stress salino no 30° dia de cultivo**

**Tabela 13. Peso seco das plântulas (em g) em di ferentes níveis de stress salino no 20° dia de**

| S. Não. | Genótipos | Controlo | Concentração de sal | | | | Média** |
|---|---|---|---|---|---|---|---|
| | | | 3000 ppm | 6000 ppm | 9000 ppm | 12000 ppm | |
| 1. | Co 9 | 0.0025 | 0.0021 | 0.0016 | 0.0016 | 0.0016 | 0.0019 |
| 2. | GE 527 | 0.0040 | 0.0033 | 0.0020 | 0.0016 | 0.0016 | 0.0025 |
| 3. | GEC 534 | 0.0035 | 0.0040 | 0.0016 | 0.0025 | 0.0016 | 0.0026 |

| 4. | GS 133 | 0.0060 | 0.0030 | 0.0032 | 0.0016 | 0.0016 | 0.0031 |
|---|---|---|---|---|---|---|---|
| 5. | GS 261 | 0.0060 | 0.0037 | 0.0042 | 0.0016 | 0.0016 | 0.0034 |
| 6. | Malavi 1446 | 0.0043 | 0.0040 | 0.0070 | 0.0016 | 0.0016 | 0.0037 |
| 7. | MS 2944 | 0.0053 | 0.0030 | 0.0028 | 0.0016 | 0.0016 | 0.0029 |
| 8. | MS 8070 | 0.0043 | 0.0016 | 0.0016 | 0.0016 | 0.0016 | 0.0021 |
| 9. | TNAU 30 | 0.0037 | 0.0024 | 0.0022 | 0.0035 | 0.0016 | 0.0027 |
| 10. | TNAU 72 | 0.005 | 0.0043 | 0.0047 | 0.0031 | 0.0016 | 0.0037 |
| 11. | AF 329 | 0.0050 | 0.0043 | 0.0039 | 0.0049 | 0.0016 | 0.0039 |
| 12. | Co 14 | 0.0050 | 0.0025 | 0.0042 | 0.0016 | 0.0016 | 0.0030 |
| 13. | GE 346 | 0.0050 | 0.0027 | 0.0037 | 0.0055 | 0.0016 | 0.0037 |
| 14. | GE 2510 | 0.0053 | 0.0040 | 0.0016 | 0.0020 | 0.0016 | 0.0029 |
| 15. | GS 431 | 0.0030 | 0.0027 | 0.0028 | 0.0019 | 0.0031 | 0.0027 |
| 16. | IE 3297/1 | 0.0053 | 0.0030 | 0.0025 | 0.0021 | 0.0016 | 0.0029 |
| 17. | EM 9272 | 0.0033 | 0.0040 | 0.0022 | 0.0016 | 0.0016 | 0.0025 |
| 18. | TNAU 5 | 0.0073 | 0.0022 | 0.0016 | 0.0045 | 0.0016 | 0.0034 |
| 19. | TNAU 487 | 0.0035 | 0.0024 | 0.0029 | 0.0016 | 0.0021 | 0.0025 |
| 20. | TNAU 4833 | 0.0047 | 0.0027 | 0.0029 | 0.0016 | 0.0016 | 0.0027 |
| 21. | AF 459 | 0.0040 | 0.0047 | 0.0037 | 0.0016 | 0.0016 | 0.0031 |
| 22. | GE 522 | 0.0024 | 0.0043 | 0.0047 | 0.0016 | 0.0016 | 0.0029 |
| 23. | GEC 539 | 0.0037 | 0.0016 | 0.0016 | 0.0021 | 0.0016 | 0.0021 |
| 24. | GS 69 | 0.0019 | 0.0024 | 0.0032 | 0.0032 | 0.0017 | 0.0025 |
| 25. | GS 112 | 0.0034 | 0.0029 | 0.0032 | 0.0016 | 0.0031 | 0.0028 |
| 26. | Malavi 2028 | 0.0032 | 0.0016 | 0.0017 | 0.0021 | 0.0031 | 0.0023 |
| 27. | MS 8100 | 0.0024 | 0.0032 | 0.0033 | 0.0025 | 0.0016 | 0.0026 |
| 28. | TNAU 21 | 0.0037 | 0.0043 | 0.0033 | 0.0025 | 0.0016 | 0.0031 |
| 29. | TNAU 193 | 0.0043 | 0.0040 | 0.0032 | 0.0029 | 0.0016 | 0.0032 |
| 30. | TNAU 1008 | 0.0047 | 0.0043 | 0.0035 | 0.0029 | 0.0016 | 0.0034 |
| 31. | AF 269 | 0.0032 | 0.0037 | 0.0037 | 0.0029 | 0.0016 | 0.0030 |
| 32. | AF 3055 | 0.0043 | 0.0037 | 0.0029 | 0.0016 | 0.0016 | 0.0028 |
| 33. | GE 333 | 0.0040 | 0.0030 | 0.0024 | 0.0025 | 0.0016 | 0.0027 |
| 34. | GEC 417 | 0.0040 | 0.0021 | 0.0016 | 0.0016 | 0.0016 | 0.0022 |
| 35. | GEC 520 | 0.0021 | 0.0025 | 0.0016 | 0.0016 | 0.0016 | 0.0019 |
| 36. | GS 159 | 0.0033 | 0.0023 | 0,002 4 | 0.0016 | 0.0016 | 0.0022 |
| 37. | Malavi 1876 | 0.0043 | 0.0030 | 0.0047 | 0.0016 | 0.0016 | 0.0030 |
| 38. | EM 2927 | 0.0040 | 0.0030 | 0.0040 | 0.0016 | 0.0016 | 0.0028 |
| 39. | MS 8068 | 0.0047 | 0.0037 | 0.0060 | 0.0016 | 0.0016 | 0.0035 |
| 40. | TNAU 44/2 | 0.0043 | 0.0030 | 0.0043 | 0.0016 | 0.0016 | 0.0030 |
| | **Média**** | 0.0041 | 0.0031 | 0.0031 | 0.0022 | 0.0017 | 0.0029 |

| | | SED | CD (0,05) | CD (0,01) |
|---|---|---|---|---|
| A | Genótipos | 0.0004 | 0.0007 | 0.0010 |

*** Significativo a 5%**

| | | SED | CD (0,05) | CD (0,01) |
|---|---|---|---|---|
| B | Concentração de sal | 0.0001 | 0.0003 | 0.0004 |
| A x B | Genótipos x Concentração de sal | 0.0009 | 0.0018 | 0.0023 |

** Significativo a 1%

**Tabela 14. Peso seco das plântulas (em g) em diferentes níveis de stress salino no 30º dia de cultura**

| S. Não. | Genótipos | Controlo | Concentração de sal | | | | Média** |
|---|---|---|---|---|---|---|---|
| | | | 3000 ppm | 6000 ppm | 9000 ppm | 12000 ppm | |
| 1. | Co 9 | 0.0017 | 0.0044 | 0.0017 | 0.0016 | 0.0016 | 0.0022 |
| 2. | GE 527 | 0.0032 | 0.0021 | 0.0030 | 0.0017 | 0.0016 | 0.0023 |
| 3. | GEC 534 | 0.0023 | 0.0021 | 0.0022 | 0.0015 | 0.0016 | 0.0019 |
| 4. | GS 133 | 0.0050 | 0.0033 | 0.0023 | 0.0023 | 0.0014 | 0.0029 |
| 5. | GS 261 | 0.0047 | 0.0037 | 0.0045 | 0.0021 | 0.0016 | 0.0033 |
| 6. | Malavi 1446 | 0.0009 | 0.0050 | 0.0016 | 0.0016 | 0.0017 | 0.0022 |
| 7. | MS 2944 | 0.0022 | 0.0036 | 0.0017 | 0.0021 | 0.0016 | 0.0022 |
| 8. | MS 8070 | 0.0047 | 0.0297 | 0.0037 | 0.0011 | 0.0016 | 0.0082 |
| 9. | TNAU 30 | 0.0008 | 0.0029 | 0.0024 | 0.0027 | 0.0016 | 0.0021 |
| 10. | TNAU 72 | 0.0032 | 0.0038 | 0.0017 | 0.0016 | 0.0016 | 0.0024 |
| 11. | AF 329 | 0.0030 | 0.0040 | 0.0041 | 0.0033 | 0.0016 | 0.0032 |
| 12. | Co 14 | 0.0031 | 0.0028 | 0.0067 | 0.0021 | 0.0016 | 0.0033 |
| 13. | GE 346 | 0.0040 | 0.0040 | 0.0045 | 0.0023 | 0.0016 | 0.0033 |
| 14. | GE 2510 | 0.0027 | 0.0033 | 0.0022 | 0.0016 | 0.0016 | 0.0023 |
| 15. | GS 431 | 0.0024 | 0.0047 | 0.0027 | 0.0016 | 0.0016 | 0.0026 |
| 16. | IE 3297/1 | 0.0039 | 0.0042 | 0.0060 | 0.0016 | 0.0016 | 0.0035 |
| 17. | EM 9272 | 0.0067 | 0.0041 | 0.0033 | 0.0035 | 0.0027 | 0.0041 |
| 18. | TNAU 5 | 0.0043 | 0.0033 | 0.0047 | 0.0024 | 0.0016 | 0.0033 |
| 19. | TNAU 487 | 0.0030 | 0.0079 | 0.0050 | 0.0016 | 0.0016 | 0.0038 |
| 20. | TNAU 4833 | 0.0067 | 0.0032 | 0.0016 | 0.0016 | 0.0016 | 0.0029 |
| 21. | AF 459 | 0.0033 | 0.0050 | 0.0040 | 0.0021 | 0.0016 | 0.0032 |
| 22. | GE 522 | 0.0031 | 0.0029 | 0.0029 | 0.0016 | 0.0049 | 0.0031 |
| 23. | GEC 539 | 0.0020 | 0.0020 | 0.0047 | 0.0016 | 0.0016 | 0.0024 |
| 24. | GS 69 | 0.0027 | 0.0077 | 0.0027 | 0.0019 | 0.0021 | 0.0034 |
| 25. | GS 112 | 0.0043 | 0.0057 | 0.0033 | 0.0016 | 0.0014 | 0.0033 |
| 26. | Malavi 2028 | 0.0053 | 0.0015 | 0.0016 | 0.0016 | 0.0016 | 0.0023 |
| 27. | MS 8100 | 0.0040 | 0.0045 | 0.0021 | 0.0030 | 0.0029 | 0.0033 |
| 28 . | TNAU 21 | 0.0063 | 0.0053 | 0.0033 | 0.0016 | 0.0033 | 0.0040 |
| 29. | TNAU 193 | 0.0053 | 0.0050 | 0.0033 | 0.0016 | 0.0016 | 0.0034 |
| 30. | TNAU 1008 | 0.0043 | 0.0037 | 0.0047 | 0.0030 | 0.0014 | 0,003 4 |
| 31. | AF 269 | 0.0040 | 0.0039 | 0.0031 | 0.0025 | 0.0016 | 0.0030 |
| 32. | AF 3055 | 0.0042 | 0.0015 | 0.0060 | 0.0016 | 0.0016 | 0.0030 |
| 33. | GE 333 | 0.0039 | 0.0022 | 0.0037 | 0.0021 | 0.0016 | 0.0027 |

| 34. | GEC 417 | 0.0035 | 0.0037 | 0.0027 | 0.0024 | 0.0016 | 0.0028 |
|---|---|---|---|---|---|---|---|
| 35. | GEC 520 | 0.0143 | 0.0073 | 0.0037 | 0.0040 | 0.0023 | 0.0063 |
| 36. | GS 159 | 0.0041 | 0.0053 | 0.0031 | 0.0016 | 0.0016 | 0.0031 |
| 37. | Malavi 1876 | 0.0047 | 0.0045 | 0.0040 | 0.0016 | 0.0016 | 0.0033 |
| 38. | EM 2927 | 0.0040 | 0.0021 | 0.0060 | 0.0024 | 0.0016 | 0.0032 |
| 39. | MS 8068 | 0.0033 | 0.0039 | 0.0063 | 0.0021 | 0.0017 | 0.0035 |
| 40. | TNAU 44/2 | 0.0037 | 0.0043 | 0.0040 | 0.0016 | 0.0016 | 0.0030 |
| | **Média**** | 0.0039 | 0.0046 | 0.0035 | 0.0020 | 0.0018 | 0.0031 |

| | | **SED** | **CD (0,05)** | **CD (0,01)** |
|---|---|---|---|---|
| A | Genótipos | 0.0012 | 0.0024 | 0.0032 |
| B | Concentração de sal | 0.0004 | 0.0009 | 0.0011 |
| A x B | Genótipos x Concentração de sal | 0.0028 | 0.0055 | 0.0072 |

*** Significativo a 5%**

**** Significativo a 1%**

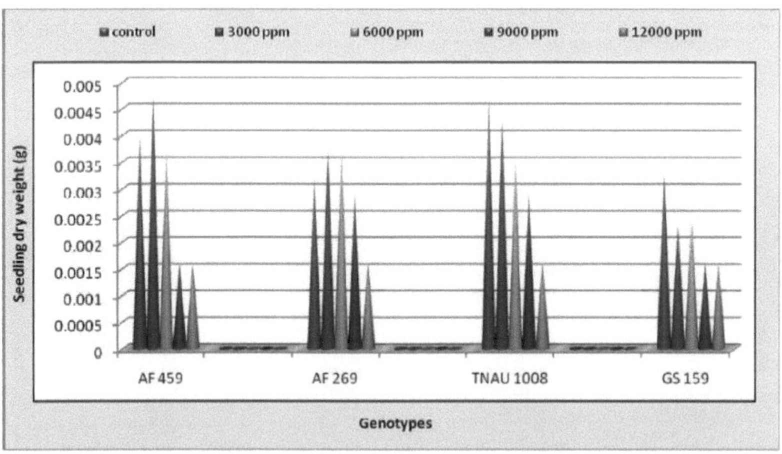


**Fig. 9. Peso seco das plântulas (em g) de quatro genótipos com melhor desempenho em diferentes níveis de stress salino no 20° dia de cultura**

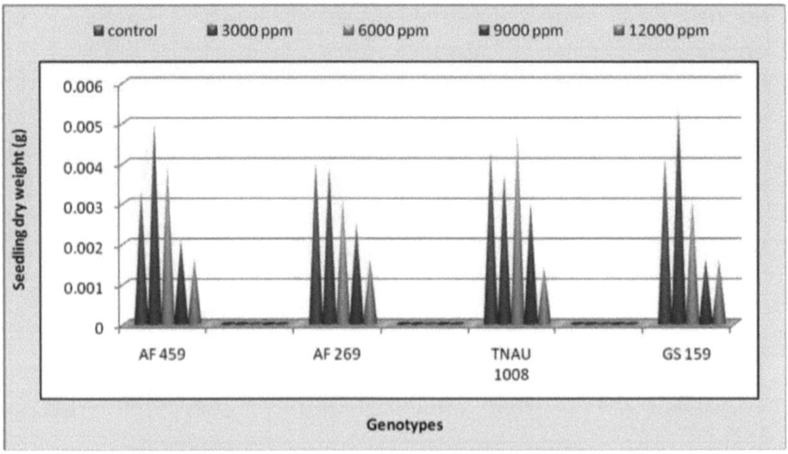


**Fig. 10. Peso seco das plântulas (em g) dos quatro genótipos com melhor desempenho em diferentes níveis de stress salino no 30º dia de cultura**

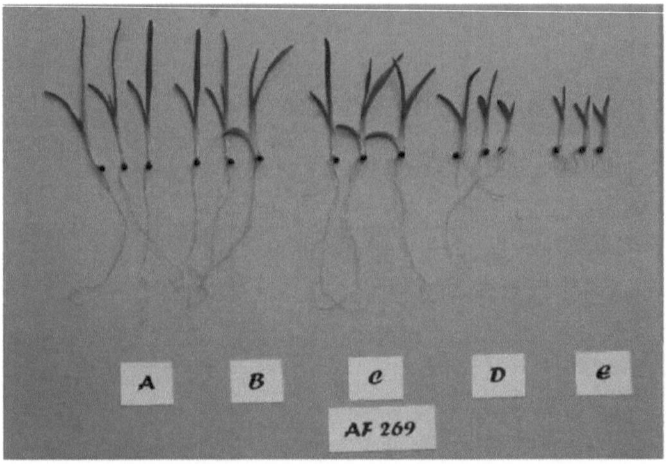


**A - controlo B - 3000 ppm C - 6000 ppm D - 9000 ppm E - 12000 ppm**

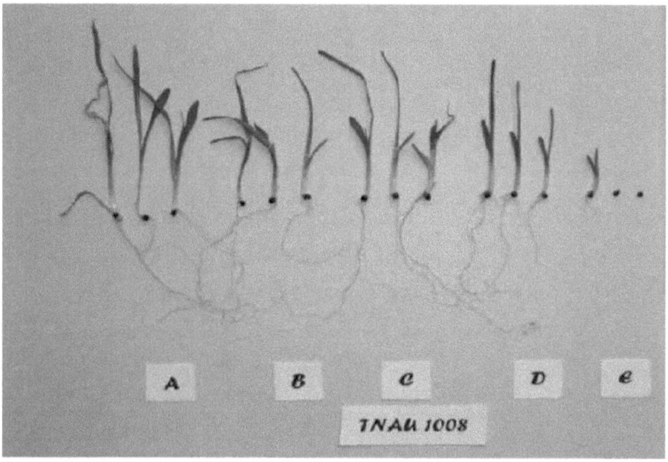


Placa 1. Variação nos caracteres das plântulas de AF 269 e TNAU 1008 sob diferentes stresses salinos

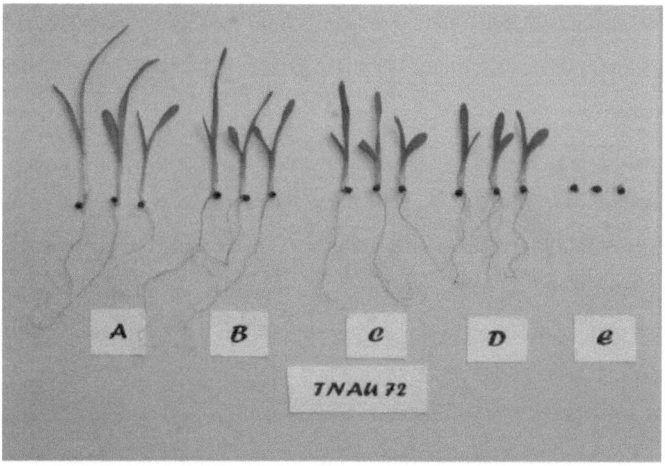


A - controlo B - 3000 ppm C - 6000 ppm D - 9000 ppm E - 12000 ppm

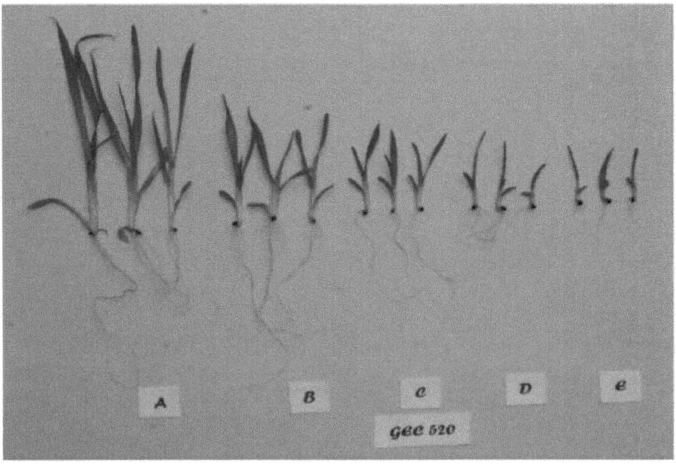


**Placa 2. Variação nos caracteres das plântulas de TNAU 72 e GEC 520 sob diferentes stresses salinos**

os genótipos sobre o tratamento (3000 ppm) para o peso seco das plântulas foi baixo (AF 459- 0,0047 g) e a 12000 ppm, os genótipos GS 431, GS 112 e Malavi 2028 tiveram o mesmo tipo de resposta (0,0031 g).

Aos 30 dias de cultura, os genótipos, os tratamentos e a sua interação foram considerados altamente significativos. O peso seco médio das plântulas de quarenta genótipos em diferentes níveis de stress salino é apresentado no quadro 14. A média geral dos genótipos em diferentes níveis de concentração de sal para o peso seco das plântulas variou de 0,0019 g (GEC 534) a 0,0082 g (MS 8070). Entre as interações, os genótipos GEC 520 (controlo - 0,0143 g), seguido pela ordem GS 159 (3000 ppm - 0,0093 g), Co 14 (6000 ppm - 0,0067 g), GEC 520 (9000 ppm - 0,0040 g) e GE 522 (0,0049) a 12000 ppm foram encontrados para ter uma boa interação. O peso seco das plântulas (em g) dos quatro genótipos com melhor desempenho em diferentes níveis de stress salino no $^{20°}$ e $^{30°}$ dia de cultura é apresentado na fig. 9 e fig. 10, respetivamente

A variação nos caracteres das plântulas de quatro genótipos (AF 269 e TNAU 1008, TNAU 72 e GEC 520) sob diferentes níveis de stress salino é apresentada na placa 1 e na placa 2, respetivamente.

## 4.2. Análise molecular

### 4.2.1. ISSR ana lysis

No presente estudo, foram analisados quarenta genótipos de milho-miúdo utilizando marcadores ISSR. Dos trinta primers ISSR utilizados para a análise molecular, vinte primers apresentaram polimorfismo. Os vinte iniciadores polimórficos geraram um total de 101 marcadores. O número de marcadores produzidos por diferentes primers variou entre três e dez, com uma média de 5,05 marcadores por primer. A percentagem de amplificação variou entre 33 (ISSR 20) e 85 (ISSR 29).

#### 4.2.1.1. Conteúdo da informação sobre polimorfismo

O conteúdo de informação de polimorfismo (PIC) foi calculado para vinte primers ISSR (quadro 15). O valor de PIC foi mais elevado para o iniciador ISSR 44 (0,761), seguido do iniciador ISSR 99 (0,756), enquanto o valor de PIC mais baixo foi registado pelo iniciador ISSR 58 (0,345). O valor PIC médio para dez iniciadores ISSR foi de 0,588. De todos os primers, o primer ISSR 45 gerou um total de dez marcadores, tendo sido registado como o mais elevado.

**Quadro 15. Lista dos iniciadores ISSR utilizados e nível de polimorfismo detectado**

| S. Não. | Código do marcador | Valor PIC | Número de marcadores | Percentagem de amplificação |
|---|---|---|---|---|
| 1. | ISSR 20 | 0.486 | 3 | 33 |
| 2. | ISSR 23 | 0.647 | 6 | 65 |
| 3. | ISSR 24 | 0.634 | 3 | 82 |
| 4. | ISSR 25 | 0.675 | 5 | 55 |
| 5. | ISSR 29 | 0.378 | 5 | 85 |
| 6. | ISSR 30 | 0.487 | 7 | 53 |
| 7. | ISSR 44 | 0.761 | 9 | 76 |
| 8. | ISSR 45 | 0.623 | 10 | 62 |
| 9. | ISSR 47 | 0.545 | 3 | 57 |
| 10. | ISSR 49 | 0.726 | 6 | 79 |
| 11. | ISSR 50 | 0.570 | 7 | 49 |
| 12. | ISSR 51 | 0.468 | 3 | 67 |
| 13. | ISSR 53 | 0.565 | 4 | 37 |
| 14. | ISSR 54 | 0.581 | 3 | 78 |
| 15. | ISSR 55 | 0.5517 | 5 | 55 |
| 16. | ISSR 58 | 0.345 | 3 | 60 |
| 17. | ISSR 60 | 0.734 | 6 | 56 |
| 18. | ISSR 78 | 0.705 | 4 | 53 |

| 19. | ISSR 94 | 0.516 | 3 | 64 |
|---|---|---|---|---|
| 20. | ISSR 99 | 0.756 | 6 | 63 |
| **Total** | | **-** | **101** | |
| **Média** | | **0.588** | **5.05** | |

### 4.2.1.2. Análise de agrupamentos e dendrograma para marcadores ISSR

A dendrogra m foi gerada pela análise UPGMA para mostrar a semelhança genética e a diversidade entre quarenta genótipos de painço. Os índices de similaridade para todas as combinações de pares entre quarenta genótipos são apresentados no quadro 17. Observou-se o índice de semelhança mais elevado (84 por cento) d entre os genótipos GEC 539 e GE 522 e o índice de semelhança mais baixo (2 4 por cento) entre os genótipos TNAU 44/2 e MS 2944. C A análise de brilho foi realizada em matrizes de coeficiente de similaridade calculadas a partir de marcadores ISSR para gerar um dendrograma para quarenta genótipos (Fig. 11).

A similaridade dos quarenta genótipos de milheto variou de 0,5 a 0,84. A 60 por cento do nível de semelhança, os quarenta genótipos de milheto foram agrupados em cinco grupos. Dos diferentes agrupamentos, o maior número de genótipos foi encontrado no agrupamento II, seguido do agrupamento I. O agrupamento III tinha três genótipos, nomeadamente AF 3055, GE 333 e GEC 417, enquanto os agrupamentos IV e V continham apenas um genótipo, TNAU 44/2 e MS 2944, respetivamente y (Quadro 16). O perfil do marcador para quarenta genótipos de milho painço gerado pelos primers ISSR 30 e ISSR 44 é apresentado nas placas 3 e 4, respetivamente.

**Tabela 16. Composição de agrupamentos de quarenta genótipos de ragi com base na análise ISSR utilizando UPGMA**

| Número de cluster | Número de genótipos | Nome dos genótipos |
|---|---|---|
| I | 4 | Co 9, Malavi 1876, MS 8068, MS 2927 |
| II | 31 | Todos os outros genótipos |
| III | 3 | AF 3055, GE 333, GEC 417 |
| IV | 1 | TNAU 44/2 |
| V | 1 | MS 2944 |

**Tabela 17. Valores do índice de similaridade de Jaccard calculados para os marcadores ISSR**

| | 1 | 2 | 3 | 4 | 5 | 6 | 7 | 8 | 9 | 10 | 11 | 12 | 13 | 14 | 15 | 16 | 17 | 18 | 19 | 20 | 21 | 22 | 23 | 24 | 25 | 26 | 27 | 28 | 29 | 30 | 31 | 32 | 33 | 34 | 35 | 36 | 37 | 38 | 39 | 40 |
|---|---|---|---|---|---|---|---|---|---|---|---|---|---|---|---|---|---|---|---|---|---|---|---|---|---|---|---|---|---|---|---|---|---|---|---|---|---|---|---|---|
| 1 | 1.00 | | | | | | | | | | | | | | | | | | | | | | | | | | | | | | | | | | | | | | | |
| 2 | 0.72 | 1.00 | | | | | | | | | | | | | | | | | | | | | | | | | | | | | | | | | | | | | | |
| 3 | 0.60 | 0.74 | 1.00 | | | | | | | | | | | | | | | | | | | | | | | | | | | | | | | | | | | | | |
| 4 | 0.61 | 0.72 | 0.81 | 1.00 | | | | | | | | | | | | | | | | | | | | | | | | | | | | | | | | | | | | |
| 5 | 0.66 | 0.80 | 0.73 | 0.80 | 1.00 | | | | | | | | | | | | | | | | | | | | | | | | | | | | | | | | | | | |
| 6 | 0.53 | 0.62 | 0.72 | 0.73 | 0.69 | 1.00 | | | | | | | | | | | | | | | | | | | | | | | | | | | | | | | | | | |
| 7 | 0.34 | 0.34 | 0.40 | 0.39 | 0.40 | 0.37 | 1.00 | | | | | | | | | | | | | | | | | | | | | | | | | | | | | | | | | |
| 8 | 0.60 | 0.65 | 0.64 | 0.69 | 0.72 | 0.70 | 0.52 | 1.00 | | | | | | | | | | | | | | | | | | | | | | | | | | | | | | | | |
| 9 | 0.55 | 0.69 | 0.64 | 0.64 | 0.70 | 0.69 | 0.42 | 0.70 | 1.00 | | | | | | | | | | | | | | | | | | | | | | | | | | | | | | | |
| 10 | 0.60 | 0.73 | 0.60 | 0.65 | 0.72 | 0.65 | 0.34 | 0.68 | 0.76 | 1.00 | | | | | | | | | | | | | | | | | | | | | | | | | | | | | | |
| 11 | 0.60 | 0.70 | 0.65 | 0.65 | 0.68 | 0.68 | 0.36 | 0.66 | 0.77 | 0.79 | 1.00 | | | | | | | | | | | | | | | | | | | | | | | | | | | | | |
| 12 | 0.52 | 0.59 | 0.58 | 0.65 | 0.62 | 0.63 | 0.36 | 0.68 | 0.72 | 0.81 | 0.75 | 1.00 | | | | | | | | | | | | | | | | | | | | | | | | | | | | |
| 13 | 0.63 | 0.68 | 0.61 | 0.61 | 0.63 | 0.60 | 0.41 | 0.69 | 0.68 | 0.71 | 0.71 | 0.73 | 1.00 | | | | | | | | | | | | | | | | | | | | | | | | | | | |
| 14 | 0.58 | 0.67 | 0.62 | 0.64 | 0.67 | 0.71 | 0.33 | 0.65 | 0.69 | 0.82 | 0.76 | 0.76 | 0.75 | 1.00 | | | | | | | | | | | | | | | | | | | | | | | | | | |
| 15 | 0.56 | 0.67 | 0.60 | 0.62 | 0.67 | 0.63 | 0.31 | 0.65 | 0.67 | 0.79 | 0.68 | 0.69 | 0.69 | 0.80 | 1.00 | | | | | | | | | | | | | | | | | | | | | | | | | |
| 16 | 0.55 | 0.64 | 0.60 | 0.62 | 0.67 | 0.65 | 0.34 | 0.65 | 0.67 | 0.80 | 0.70 | 0.69 | 0.68 | 0.73 | 0.79 | 1.00 | | | | | | | | | | | | | | | | | | | | | | | | |
| 17 | 0.59 | 0.64 | 0.57 | 0.66 | 0.67 | 0.69 | 0.35 | 0.69 | 0.64 | 0.75 | 0.70 | 0.76 | 0.71 | 0.76 | 0.75 | 0.80 | 1.00 | | | | | | | | | | | | | | | | | | | | | | | |
| 18 | 0.64 | 0.69 | 0.62 | 0.62 | 0.66 | 0.65 | 0.35 | 0.70 | 0.72 | 0.76 | 0.75 | 0.72 | 0.73 | 0.74 | 0.80 | 0.75 | 0.83 | 1.00 | | | | | | | | | | | | | | | | | | | | | | |
| 19 | 0.58 | 0.62 | 0.57 | 0.55 | 0.60 | 0.64 | 0.38 | 0.64 | 0.66 | 0.71 | 0.74 | 0.65 | 0.66 | 0.67 | 0.70 | 0.75 | 0.72 | 0.83 | 1.00 | | | | | | | | | | | | | | | | | | | | | |
| 20 | 0.49 | 0.53 | 0.50 | 0.51 | 0.53 | 0.54 | 0.41 | 0.61 | 0.65 | 0.59 | 0.59 | 0.68 | 0.71 | 0.65 | 0.65 | 0.56 | 0.69 | 0.75 | 0.69 | 1.00 | | | | | | | | | | | | | | | | | | | | |
| 21 | 0.60 | 0.65 | 0.54 | 0.60 | 0.68 | 0.55 | 0.33 | 0.61 | 0.57 | 0.66 | 0.64 | 0.60 | 0.63 | 0.66 | 0.69 | 0.69 | 0.72 | 0.75 | 0.73 | 0.64 | 1.00 | | | | | | | | | | | | | | | | | | | |
| 22 | 0.65 | 0.72 | 0.61 | 0.65 | 0.73 | 0.58 | 0.33 | 0.64 | 0.64 | 0.71 | 0.67 | 0.63 | 0.70 | 0.71 | 0.74 | 0.72 | 0.75 | 0.82 | 0.72 | 0.69 | 0.83 | 1.00 | | | | | | | | | | | | | | | | | | |
| 23 | 0.63 | 0.75 | 0.65 | 0.66 | 0.73 | 0.59 | 0.31 | 0.61 | 0.62 | 0.67 | 0.63 | 0.59 | 0.64 | 0.69 | 0.70 | 0.68 | 0.68 | 0.75 | 0.66 | 0.61 | 0.76 | 0.84 | 1.00 | | | | | | | | | | | | | | | | | |
| 24 | 0.58 | 0.63 | 0.56 | 0.58 | 0.62 | 0.57 | 0.33 | 0.57 | 0.64 | 0.66 | 0.67 | 0.58 | 0.59 | 0.64 | 0.66 | 0.61 | 0.59 | 0.71 | 0.72 | 0.59 | 0.69 | 0.69 | 0.65 | 1.00 | | | | | | | | | | | | | | | | |
| 25 | 0.59 | 0.70 | 0.61 | 0.68 | 0.73 | 0.59 | 0.34 | 0.65 | 0.65 | 0.75 | 0.67 | 0.65 | 0.66 | 0.67 | 0.72 | 0.72 | 0.73 | 0.75 | 0.70 | 0.61 | 0.76 | 0.79 | 0.77 | 0.70 | 1.00 | | | | | | | | | | | | | | | |
| 26 | 0.57 | 0.66 | 0.65 | 0.72 | 0.69 | 0.71 | 0.32 | 0.65 | 0.69 | 0.73 | 0.72 | 0.69 | 0.70 | 0.78 | 0.77 | 0.77 | 0.77 | 0.78 | 0.70 | 0.67 | 0.72 | 0.70 | 0.72 | 0.72 | 0.75 | 1.00 | | | | | | | | | | | | | | |
| 27 | 0.51 | 0.64 | 0.55 | 0.63 | 0.65 | 0.62 | 0.32 | 0.60 | 0.64 | 0.71 | 0.67 | 0.69 | 0.68 | 0.73 | 0.68 | 0.68 | 0.70 | 0.69 | 0.65 | 0.64 | 0.78 | 0.72 | 0.70 | 0.67 | 0.74 | 0.74 | 1.00 | | | | | | | | | | | | | |
| 28 | 0.56 | 0.61 | 0.54 | 0.62 | 0.64 | 0.65 | 0.37 | 0.66 | 0.61 | 0.66 | 0.68 | 0.64 | 0.71 | 0.70 | 0.67 | 0.67 | 0.74 | 0.72 | 0.73 | 0.68 | 0.80 | 0.69 | 0.65 | 0.66 | 0.71 | 0.78 | 0.83 | 1.00 | | | | | | | | | | | | |
| 29 | 0.59 | 0.62 | 0.59 | 0.62 | 0.63 | 0.58 | 0.33 | 0.63 | 0.62 | 0.69 | 0.65 | 0.65 | 0.68 | 0.65 | 0.73 | 0.68 | 0.71 | 0.81 | 0.72 | 0.69 | 0.70 | 0.75 | 0.66 | 0.65 | 0.70 | 0.75 | 0.66 | 0.74 | 1.00 | | | | | | | | | | | |
| 30 | 0.56 | 0.59 | 0.60 | 0.60 | 0.60 | 0.61 | 0.33 | 0.62 | 0.63 | 0.74 | 0.66 | 0.70 | 0.67 | 0.72 | 0.65 | 0.65 | 0.65 | 0.68 | 0.65 | 0.56 | 0.66 | 0.65 | 0.61 | 0.66 | 0.71 | 0.69 | 0.71 | 0.66 | 0.67 | 1.00 | | | | | | | | | | |
| 31 | 0.66 | 0.67 | 0.64 | 0.64 | 0.68 | 0.59 | 0.35 | 0.66 | 0.61 | 0.70 | 0.62 | 0.64 | 0.67 | 0.70 | 0.65 | 0.65 | 0.72 | 0.70 | 0.64 | 0.59 | 0.71 | 0.71 | 0.69 | 0.66 | 0.67 | 0.69 | 0.67 | 0.66 | 0.65 | 0.72 | 1.00 | | | | | | | | | |
| 32 | 0.55 | 0.62 | 0.59 | 0.57 | 0.63 | 0.56 | 0.35 | 0.58 | 0.60 | 0.61 | 0.61 | 0.63 | 0.66 | 0.61 | 0.57 | 0.56 | 0.64 | 0.63 | 0.57 | 0.65 | 0.63 | 0.62 | 0.64 | 0.57 | 0.56 | 0.62 | 0.66 | 0.61 | 0.60 | 0.63 | 0.67 | 1.00 | | | | | | | | |
| 33 | 0.50 | 0.62 | 0.55 | 0.57 | 0.60 | 0.57 | 0.30 | 0.53 | 0.57 | 0.59 | 0.63 | 0.54 | 0.58 | 0.59 | 0.58 | 0.58 | 0.64 | 0.62 | 0.57 | 0.60 | 0.61 | 0.63 | 0.64 | 0.65 | 0.64 | 0.66 | 0.73 | 0.69 | 0.61 | 0.58 | 0.60 | 0.63 | 1.00 | | | | | | | |
| 34 | 0.41 | 0.51 | 0.48 | 0.46 | 0.51 | 0.48 | 0.26 | 0.41 | 0.50 | 0.50 | 0.53 | 0.48 | 0.49 | 0.52 | 0.47 | 0.51 | 0.52 | 0.48 | 0.42 | 0.50 | 0.49 | 0.50 | 0.55 | 0.49 | 0.47 | 0.56 | 0.53 | 0.49 | 0.43 | 0.43 | 0.47 | 0.62 | 0.67 | 1.00 | | | | | | |
| 35 | 0.53 | 0.65 | 0.65 | 0.67 | 0.64 | 0.66 | 0.32 | 0.58 | 0.62 | 0.68 | 0.65 | 0.64 | 0.64 | 0.70 | 0.70 | 0.69 | 0.72 | 0.70 | 0.59 | 0.62 | 0.61 | 0.67 | 0.69 | 0.62 | 0.65 | 0.78 | 0.67 | 0.65 | 0.63 | 0.64 | 0.64 | 0.63 | 0.72 | 0.69 | 1.00 | | | | | |
| 36 | 0.63 | 0.64 | 0.61 | 0.63 | 0.67 | 0.59 | 0.36 | 0.58 | 0.62 | 0.62 | 0.69 | 0.58 | 0.56 | 0.60 | 0.60 | 0.62 | 0.61 | 0.67 | 0.68 | 0.55 | 0.61 | 0.61 | 0.62 | 0.65 | 0.62 | 0.68 | 0.58 | 0.63 | 0.70 | 0.60 | 0.58 | 0.59 | 0.65 | 0.53 | 0.65 | 1.00 | | | | |
| 37 | 0.64 | 0.61 | 0.52 | 0.54 | 0.60 | 0.53 | 0.29 | 0.55 | 0.53 | 0.60 | 0.56 | 0.54 | 0.53 | 0.52 | 0.56 | 0.65 | 0.65 | 0.66 | 0.65 | 0.49 | 0.62 | 0.65 | 0.63 | 0.60 | 0.65 | 0.65 | 0.53 | 0.56 | 0.63 | 0.58 | 0.60 | 0.56 | 0.54 | 0.53 | 0.59 | 0.65 | 1.00 | | | |
| 38 | 0.59 | 0.58 | 0.50 | 0.56 | 0.59 | 0.50 | 0.26 | 0.54 | 0.50 | 0.60 | 0.51 | 0.53 | 0.53 | 0.56 | 0.59 | 0.53 | 0.56 | 0.64 | 0.56 | 0.50 | 0.59 | 0.64 | 0.58 | 0.57 | 0.58 | 0.55 | 0.54 | 0.51 | 0.63 | 0.61 | 0.57 | 0.58 | 0.51 | 0.40 | 0.52 | 0.57 | 0.61 | 1.00 | | |
| 39 | 0.68 | 0.64 | 0.61 | 0.63 | 0.63 | 0.55 | 0.38 | 0.62 | 0.56 | 0.59 | 0.57 | 0.56 | 0.58 | 0.61 | 0.57 | 0.58 | 0.62 | 0.65 | 0.57 | 0.51 | 0.63 | 0.68 | 0.64 | 0.54 | 0.58 | 0.58 | 0.52 | 0.51 | 0.57 | 0.58 | 0.63 | 0.57 | 0.44 | 0.45 | 0.54 | 0.56 | 0.70 | 0.65 | 1.00 | |
| 40 | 0.43 | 0.40 | 0.38 | 0.38 | 0.39 | 0.36 | 0.24 | 0.35 | 0.43 | 0.38 | 0.48 | 0.44 | 0.43 | 0.41 | 0.37 | 0.35 | 0.35 | 0.41 | 0.38 | 0.40 | 0.38 | 0.41 | 0.40 | 0.37 | 0.37 | 0.40 | 0.42 | 0.36 | 0.35 | 0.41 | 0.36 | 0.46 | 0.39 | 0.38 | 0.37 | 0.43 | 0.40 | 0.50 | 0.45 | 1.00 |

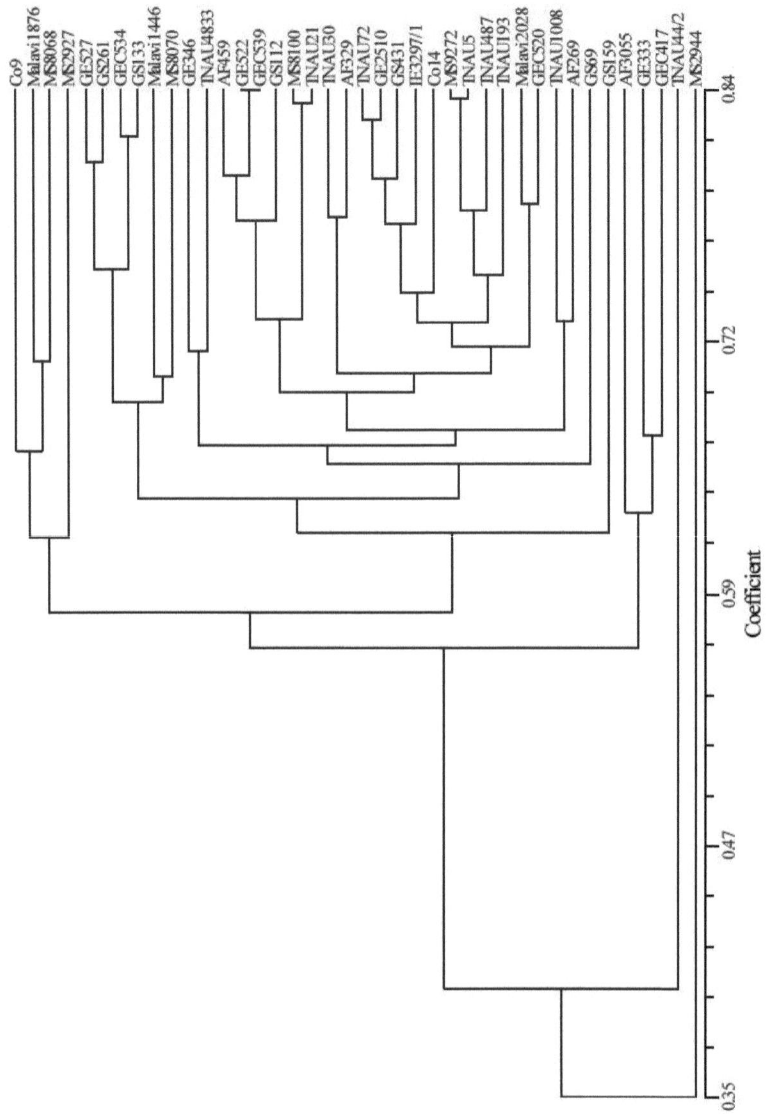


**Fig. 11. Dendrograma de genótipos de painço com base em dados de marcadores ISSR**

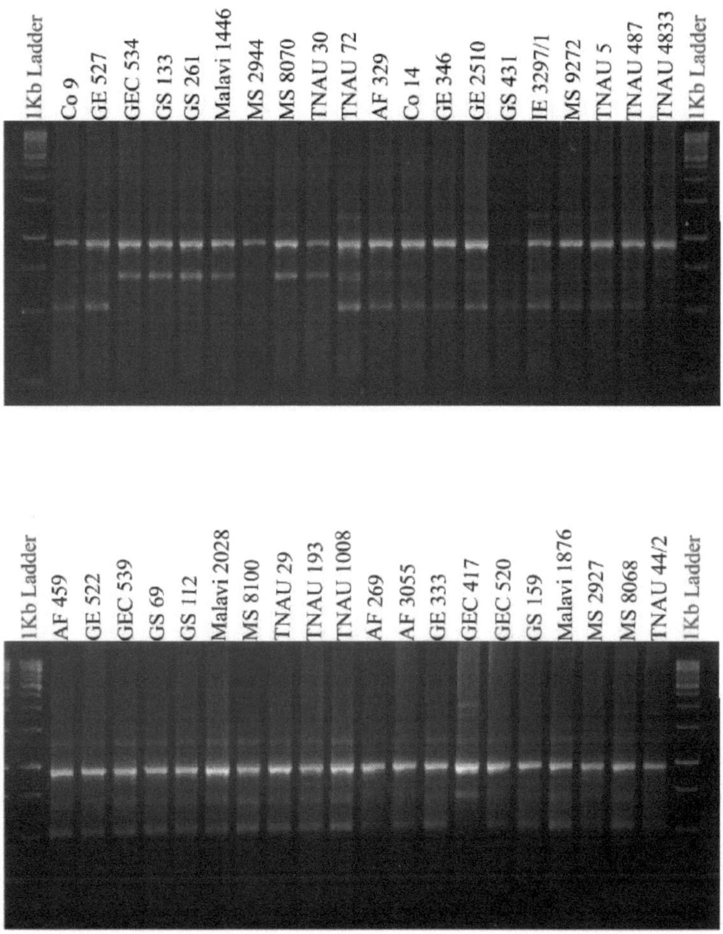


**Placa 3. Perfil de marcadores de quarenta genótipos de ragi gerados por ISSR 30**

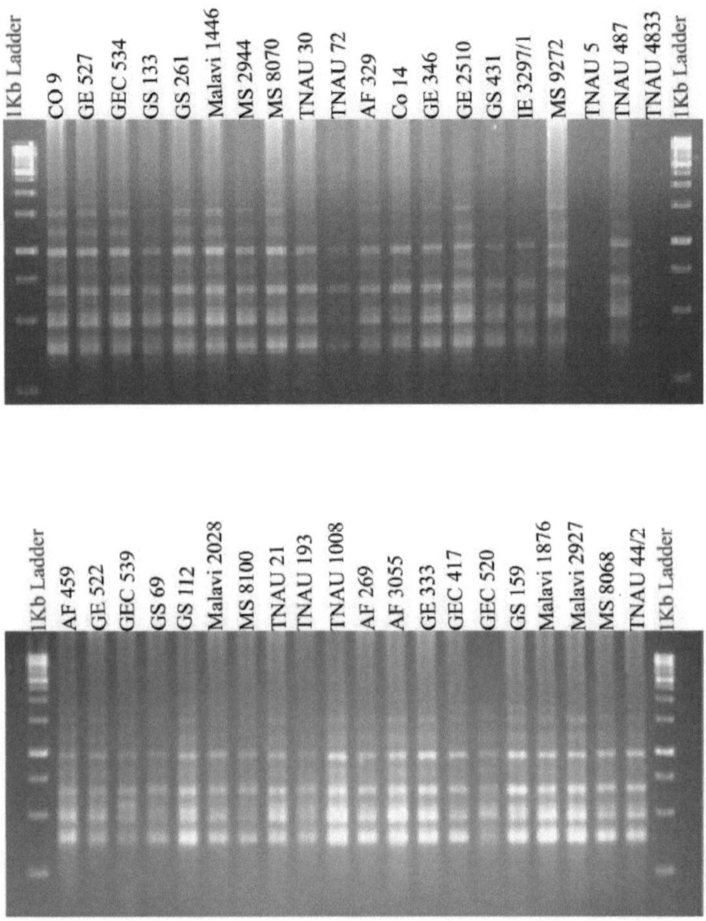


**Placa 4 . Perfil de marcadores de quarenta genótipos de ragi gerados por ISSR 44**

### 4.2.2. Análise SSR

Quarenta genótipos de painço foram analisados com 10 marcadores SSR. Dos dez primers utilizados, seis foram considerados polimórficos. Os dez pares de iniciadores geraram um total de 23 marcadores. O número de marcadores produzidos por diferentes primers variou entre dois e cinco, com uma média de 2,3 marcadores por primer. A percentagem de amplificação variou entre 58 (RM 570) e 92 (RM 3351).

### 4.2.2.I. Conteúdo da informação sobre polimorfismo

O valor do conteúdo de informação de polimorfismo (PIC) foi calculado para dez primers

SSR e apresentado na tabela 18. O valor PIC mais elevado foi o do iniciador RM 440 (0,729), seguido do RM 492 (0,726), enquanto o valor PIC mais baixo foi registado pelo iniciador RM 244 (0,32). O valor médio de PIC para dez primers SSR foi de 0,323. O primer RM 492 gerou cinco marcadores que foram considerados os mais elevados.

**Tabela 18. Lista dos iniciadores SSR utilizados e nível de polimorfismo detectado**

| S. Não. | Código do marcador | Valor PIC | Número de marcadores | Percentagem de amplificação |
|---|---|---|---|---|
| 1. | RM 2 | 0.606 | 4 | 78 |
| 2. | RM 244 | 0.320 | 2 | 70 |
| 3. | RM 341 | 0.000 | 1 | 62 |
| 4. | RM 411 | 0.000 | 1 | 72 |
| 5. | RM 440 | 0.7292 | 4 | 90 |
| 6. | RM 492 | 0.7263 | 5 | 65 |
| 7. | RM 570 | 0.432 | 2 | 58 |
| 8. | RM 584 | 0.000 | 1 | 80 |
| 9. | RM 3351 | 0.000 | 1 | 92 |
| 10. | RM 6378 | 0.424 | 2 | 76 |
| **Total** | | - | **23** | |
| **Média** | | **0.323** | **2.3** | |

#### 4.2.2.2. Análise de agrupamento e d Dendrograma para marcadores SSR

Foi gerado um dendrograma através da análise UPGMA para mostrar a semelhança e a diversidade genéticas entre quarenta genótipos de milho painço. Os índices de similaridade para todas as combinações de pares entre quarenta genótipos são apresentados no quadro 19. O índice de similaridade foi alto (90 por cento) entre TNAU 72 e GS 261. O menor foi observado em 37% entre Malavi 1876 e GS 112. A análise de agrupamento ou foi efectuada em matrizes de coeficientes de semelhança calculadas a partir de marcadores SSR para gerar um dendrograma para quarenta genótipos (Fig. 12). O perfil do marcador SSR para quarenta genótipos de milheto gerados pelos pares de rimer RM 2 e RM 440 são mostrados nas placas 5 e 6, respetivamente.

A similaridade dos genótipos de milheto variou de 0,53 a 0,90. A 72% do nível de similaridade, os quarenta genótipos de milheto foram agrupados em 13 grupos. Entre os diferentes grupos, o grupo I e o grupo II foram constituídos por apenas um genótipo, nomeadamente Co 9 e MS 2927, respetivamente. O agrupamento III registou o maior número de genótipos (18) (quadro 20). Os genótipos AF 459, Malavi 2028, GS 112 e GS 69 constituem o grupo IV e os genótipos MS 9272, TNAU 4833, GS 159 e GE 333 constituem o grupo V. O grupo VI é constituído pela TNAU 21; o grupo VII tem o genótipo TNAU 487; o grupo VIII tem os genótipos MS 8068 e TNAU 44/2; o grupo IX tem os genótipos Malavi 1446 e TNAU 30; o grupo X tem os genótipos MS 2944 e MS 8070; o grupo XI tem os genótipos GEC 417 e GEC 520; o grupo XII tem os genótipos TNAU 5 e o grupo XIII tem o genótipo Malavi 1876.

**Tabela 19. Valores do índice de similaridade de Jaccard calculados para os marcadores SSR**

| | 1 | 2 | 3 | 4 | 5 | 6 | 7 | 8 | 9 | 10 | 11 | 12 | 13 | 14 | 15 | 16 | 17 | 18 | 19 | 20 | 21 | 22 | 23 | 24 | 25 | 26 | 27 | 28 | 29 | 30 | 31 | 32 | 33 | 34 | 35 | 36 | 37 | 38 | 39 | 40 |
|---|---|---|---|---|---|---|---|---|---|---|---|---|---|---|---|---|---|---|---|---|---|---|---|---|---|---|---|---|---|---|---|---|---|---|---|---|---|---|---|---|
| 1 | 1.00 | | | | | | | | | | | | | | | | | | | | | | | | | | | | | | | | | | | | | | | |
| 2 | 0.72 | 1.00 | | | | | | | | | | | | | | | | | | | | | | | | | | | | | | | | | | | | | | |
| 3 | 0.55 | 0.80 | 1.00 | | | | | | | | | | | | | | | | | | | | | | | | | | | | | | | | | | | | | |
| 4 | 0.50 | 0.66 | 0.75 | 1.00 | | | | | | | | | | | | | | | | | | | | | | | | | | | | | | | | | | | | |
| 5 | 0.63 | 0.71 | 0.80 | 0.84 | 1.00 | | | | | | | | | | | | | | | | | | | | | | | | | | | | | | | | | | | |
| 6 | 0.42 | 0.60 | 0.68 | 0.55 | 0.60 | 1.00 | | | | | | | | | | | | | | | | | | | | | | | | | | | | | | | | | | |
| 7 | 0.58 | 0.68 | 0.68 | 0.63 | 0.68 | 0.65 | 1.00 | | | | | | | | | | | | | | | | | | | | | | | | | | | | | | | | | |
| 8 | 0.41 | 0.52 | 0.52 | 0.47 | 0.52 | 0.56 | 0.79 | 1.00 | | | | | | | | | | | | | | | | | | | | | | | | | | | | | | | | |
| 9 | 0.38 | 0.62 | 0.79 | 0.74 | 0.70 | 0.76 | 0.58 | 0.42 | 1.00 | | | | | | | | | | | | | | | | | | | | | | | | | | | | | | | |
| 10 | 0.65 | 0.80 | 0.80 | 0.85 | 0.90 | 0.61 | 0.70 | 0.55 | 0.71 | 1.00 | | | | | | | | | | | | | | | | | | | | | | | | | | | | | | |
| 11 | 0.65 | 0.80 | 0.80 | 0.76 | 0.80 | 0.61 | 0.61 | 0.47 | 0.71 | 0.90 | 1.00 | | | | | | | | | | | | | | | | | | | | | | | | | | | | | |
| 12 | 0.60 | 0.85 | 0.76 | 0.71 | 0.76 | 0.73 | 0.65 | 0.57 | 0.66 | 0.85 | 0.85 | 1.00 | | | | | | | | | | | | | | | | | | | | | | | | | | | | |
| 13 | 0.57 | 0.72 | 0.72 | 0.76 | 0.80 | 0.61 | 0.61 | 0.47 | 0.71 | 0.90 | 0.81 | 0.77 | 1.00 | | | | | | | | | | | | | | | | | | | | | | | | | | | |
| 14 | 0.52 | 0.76 | 0.85 | 0.80 | 0.85 | 0.73 | 0.65 | 0.50 | 0.84 | 0.85 | 0.85 | 0.80 | 0.85 | 1.00 | | | | | | | | | | | | | | | | | | | | | | | | | | |
| 15 | 0.52 | 0.76 | 0.85 | 0.80 | 0.85 | 0.73 | 0.65 | 0.57 | 0.75 | 0.85 | 0.85 | 0.90 | 0.77 | 0.90 | 1.00 | | | | | | | | | | | | | | | | | | | | | | | | | |
| 16 | 0.58 | 0.75 | 0.84 | 0.79 | 0.84 | 0.63 | 0.72 | 0.64 | 0.65 | 0.85 | 0.76 | 0.80 | 0.76 | 0.80 | 0.89 | 1.00 | | | | | | | | | | | | | | | | | | | | | | | | |
| 17 | 0.75 | 0.65 | 0.65 | 0.60 | 0.65 | 0.52 | 0.61 | 0.52 | 0.47 | 0.75 | 0.75 | 0.70 | 0.66 | 0.61 | 0.70 | 0.77 | 1.00 | | | | | | | | | | | | | | | | | | | | | | | |
| 18 | 0.58 | 0.68 | 0.68 | 0.55 | 0.60 | 0.55 | 0.55 | 0.47 | 0.50 | 0.70 | 0.61 | 0.65 | 0.61 | 0.57 | 0.65 | 0.72 | 0.70 | 1.00 | | | | | | | | | | | | | | | | | | | | | | |
| 19 | 0.58 | 0.68 | 0.60 | 0.55 | 0.60 | 0.64 | 0.64 | 0.66 | 0.50 | 0.70 | 0.61 | 0.73 | 0.70 | 0.65 | 0.65 | 0.72 | 0.70 | 0.64 | 1.00 | | | | | | | | | | | | | | | | | | | | | |
| 20 | 0.76 | 0.66 | 0.66 | 0.61 | 0.66 | 0.47 | 0.63 | 0.47 | 0.50 | 0.76 | 0.76 | 0.63 | 0.76 | 0.63 | 0.63 | 0.70 | 0.88 | 0.63 | 0.63 | 1.00 | | | | | | | | | | | | | | | | | | | | |
| 21 | 0.52 | 0.73 | 0.73 | 0.69 | 0.73 | 0.56 | 0.56 | 0.50 | 0.65 | 0.82 | 0.82 | 0.78 | 0.82 | 0.78 | 0.78 | 0.69 | 0.60 | 0.56 | 0.63 | 0.69 | 1.00 | | | | | | | | | | | | | | | | | | | |
| 22 | 0.61 | 0.78 | 0.78 | 0.73 | 0.78 | 0.57 | 0.76 | 0.68 | 0.60 | 0.80 | 0.71 | 0.75 | 0.71 | 0.75 | 0.75 | 0.83 | 0.63 | 0.57 | 0.76 | 0.65 | 0.72 | 1.00 | | | | | | | | | | | | | | | | | | |
| 23 | 0.60 | 0.76 | 0.76 | 0.71 | 0.76 | 0.65 | 0.65 | 0.50 | 0.66 | 0.77 | 0.85 | 0.80 | 0.69 | 0.80 | 0.80 | 0.71 | 0.61 | 0.50 | 0.57 | 0.63 | 0.78 | 0.75 | 1.00 | | | | | | | | | | | | | | | | | |
| 24 | 0.50 | 0.75 | 0.66 | 0.54 | 0.59 | 0.47 | 0.55 | 0.55 | 0.50 | 0.68 | 0.68 | 0.71 | 0.68 | 0.63 | 0.63 | 0.61 | 0.52 | 0.55 | 0.63 | 0.61 | 0.77 | 0.73 | 0.63 | 1.00 | | | | | | | | | | | | | | | | |
| 25 | 0.47 | 0.56 | 0.56 | 0.59 | 0.56 | 0.45 | 0.45 | 0.38 | 0.54 | 0.65 | 0.65 | 0.60 | 0.65 | 0.60 | 0.60 | 0.52 | 0.57 | 0.52 | 0.52 | 0.66 | 0.81 | 0.54 | 0.60 | 0.66 | 1.00 | | | | | | | | | | | | | | | |
| 26 | 0.47 | 0.69 | 0.69 | 0.72 | 0.69 | 0.52 | 0.52 | 0.39 | 0.68 | 0.78 | 0.78 | 0.73 | 0.78 | 0.73 | 0.73 | 0.65 | 0.56 | 0.59 | 0.52 | 0.65 | 0.86 | 0.60 | 0.73 | 0.72 | 0.85 | 1.00 | | | | | | | | | | | | | | |
| 27 | 0.60 | 0.76 | 0.85 | 0.71 | 0.76 | 0.57 | 0.65 | 0.50 | 0.66 | 0.77 | 0.85 | 0.72 | 0.77 | 0.80 | 0.80 | 0.80 | 0.70 | 0.57 | 0.57 | 0.80 | 0.78 | 0.75 | 0.80 | 0.71 | 0.60 | 0.73 | 1.00 | | | | | | | | | | | | | |
| 28 | 0.50 | 0.60 | 0.68 | 0.63 | 0.60 | 0.40 | 0.47 | 0.38 | 0.50 | 0.61 | 0.70 | 0.57 | 0.54 | 0.65 | 0.65 | 0.63 | 0.61 | 0.40 | 0.47 | 0.63 | 0.63 | 0.66 | 0.65 | 0.55 | 0.52 | 0.52 | 0.73 | 1.00 | | | | | | | | | | | | |
| 29 | 0.55 | 0.71 | 0.80 | 0.75 | 0.80 | 0.52 | 0.68 | 0.61 | 0.61 | 0.80 | 0.72 | 0.68 | 0.72 | 0.76 | 0.76 | 0.84 | 0.65 | 0.60 | 0.68 | 0.66 | 0.81 | 0.88 | 0.76 | 0.66 | 0.63 | 0.69 | 0.76 | 0.68 | 1.00 | | | | | | | | | | | |
| 30 | 0.52 | 0.76 | 0.85 | 0.71 | 0.76 | 0.57 | 0.65 | 0.57 | 0.66 | 0.77 | 0.77 | 0.72 | 0.77 | 0.80 | 0.80 | 0.80 | 0.61 | 0.57 | 0.65 | 0.71 | 0.86 | 0.84 | 0.72 | 0.80 | 0.68 | 0.73 | 0.90 | 0.73 | 0.85 | 1.00 | | | | | | | | | | |
| 31 | 0.45 | 0.68 | 0.76 | 0.80 | 0.76 | 0.65 | 0.57 | 0.42 | 0.75 | 0.77 | 0.77 | 0.72 | 0.85 | 0.90 | 0.80 | 0.71 | 0.54 | 0.50 | 0.57 | 0.63 | 0.78 | 0.66 | 0.72 | 0.63 | 0.60 | 0.73 | 0.80 | 0.65 | 0.68 | 0.80 | 1.00 | | | | | | | | | |
| 32 | 0.60 | 0.76 | 0.76 | 0.80 | 0.76 | 0.50 | 0.65 | 0.50 | 0.59 | 0.85 | 0.77 | 0.72 | 0.85 | 0.72 | 0.72 | 0.80 | 0.70 | 0.65 | 0.65 | 0.80 | 0.78 | 0.75 | 0.65 | 0.71 | 0.60 | 0.73 | 0.80 | 0.65 | 0.76 | 0.80 | 0.80 | 1.00 | | | | | | | | |
| 33 | 0.58 | 0.52 | 0.68 | 0.55 | 0.60 | 0.47 | 0.55 | 0.47 | 0.50 | 0.61 | 0.61 | 0.50 | 0.61 | 0.57 | 0.57 | 0.63 | 0.70 | 0.55 | 0.55 | 0.82 | 0.63 | 0.66 | 0.57 | 0.55 | 0.60 | 0.52 | 0.73 | 0.64 | 0.68 | 0.73 | 0.57 | 0.65 | 1.00 | | | | | | | |
| 34 | 0.44 | 0.55 | 0.72 | 0.57 | 0.63 | 0.68 | 0.68 | 0.60 | 0.70 | 0.65 | 0.57 | 0.52 | 0.65 | 0.68 | 0.60 | 0.66 | 0.55 | 0.58 | 0.68 | 0.57 | 0.59 | 0.70 | 0.52 | 0.50 | 0.47 | 0.47 | 0.60 | 0.50 | 0.72 | 0.68 | 0.60 | 0.60 | 0.68 | 1.00 | | | | | | |
| 35 | 0.55 | 0.65 | 0.73 | 0.68 | 0.73 | 0.61 | 0.81 | 0.73 | 0.63 | 0.75 | 0.66 | 0.61 | 0.66 | 0.70 | 0.70 | 0.77 | 0.66 | 0.61 | 0.70 | 0.68 | 0.68 | 0.82 | 0.61 | 0.60 | 0.57 | 0.56 | 0.70 | 0.61 | 0.83 | 0.78 | 0.61 | 0.70 | 0.70 | 0.86 | 1.00 | | | | | |
| 36 | 0.61 | 0.61 | 0.70 | 0.57 | 0.61 | 0.57 | 0.57 | 0.50 | 0.52 | 0.63 | 0.71 | 0.66 | 0.63 | 0.66 | 0.75 | 0.73 | 0.82 | 0.57 | 0.57 | 0.83 | 0.65 | 0.60 | 0.66 | 0.57 | 0.61 | 0.60 | 0.84 | 0.66 | 0.61 | 0.75 | 0.66 | 0.66 | 0.76 | 0.52 | 0.63 | 1.00 | | | | |
| 37 | 0.47 | 0.57 | 0.57 | 0.45 | 0.50 | 0.62 | 0.52 | 0.53 | 0.55 | 0.60 | 0.60 | 0.63 | 0.60 | 0.55 | 0.55 | 0.61 | 0.58 | 0.52 | 0.62 | 0.52 | 0.47 | 0.55 | 0.55 | 0.52 | 0.30 | 0.43 | 0.55 | 0.36 | 0.50 | 0.47 | 0.47 | 0.55 | 0.44 | 0.56 | 0.50 | 0.47 | 1.00 | | | |
| 38 | 0.71 | 0.52 | 0.45 | 0.40 | 0.52 | 0.47 | 0.47 | 0.37 | 0.35 | 0.55 | 0.55 | 0.57 | 0.55 | 0.50 | 0.50 | 0.55 | 0.73 | 0.47 | 0.66 | 0.64 | 0.43 | 0.50 | 0.50 | 0.40 | 0.38 | 0.39 | 0.50 | 0.47 | 0.45 | 0.42 | 0.42 | 0.50 | 0.47 | 0.41 | 0.44 | 0.58 | 0.53 | 1.00 | | |
| 39 | 0.64 | 0.73 | 0.57 | 0.52 | 0.65 | 0.52 | 0.52 | 0.44 | 0.47 | 0.66 | 0.59 | 0.70 | 0.75 | 0.61 | 0.61 | 0.68 | 0.57 | 0.61 | 0.70 | 0.60 | 0.60 | 0.63 | 0.54 | 0.60 | 0.43 | 0.56 | 0.61 | 0.38 | 0.57 | 0.61 | 0.61 | 0.70 | 0.45 | 0.47 | 0.50 | 0.55 | 0.58 | 0.62 | 1.00 | |
| 40 | 0.61 | 0.70 | 0.61 | 0.65 | 0.70 | 0.50 | 0.57 | 0.42 | 0.60 | 0.71 | 0.63 | 0.66 | 0.80 | 0.66 | 0.59 | 0.65 | 0.55 | 0.50 | 0.66 | 0.65 | 0.65 | 0.68 | 0.59 | 0.65 | 0.54 | 0.68 | 0.66 | 0.42 | 0.61 | 0.66 | 0.66 | 0.75 | 0.50 | 0.52 | 0.55 | 0.52 | 0.55 | 0.58 | 0.82 | 1.00 |

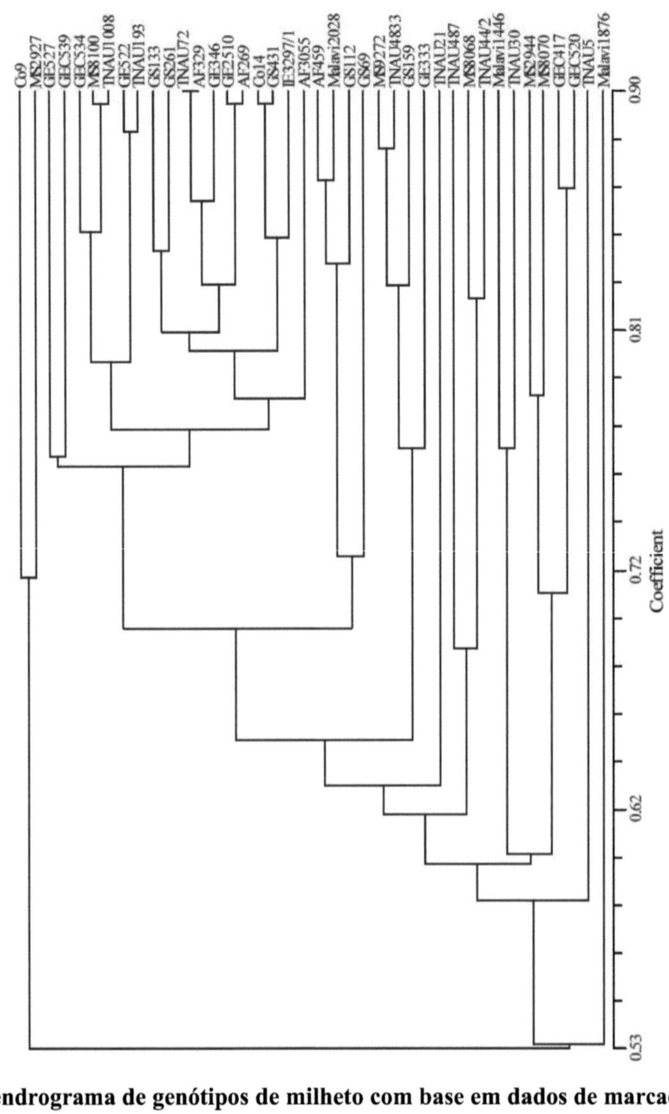

**Fig. 12. Dendrograma de genótipos de milheto com base em dados de marcadores SSR**

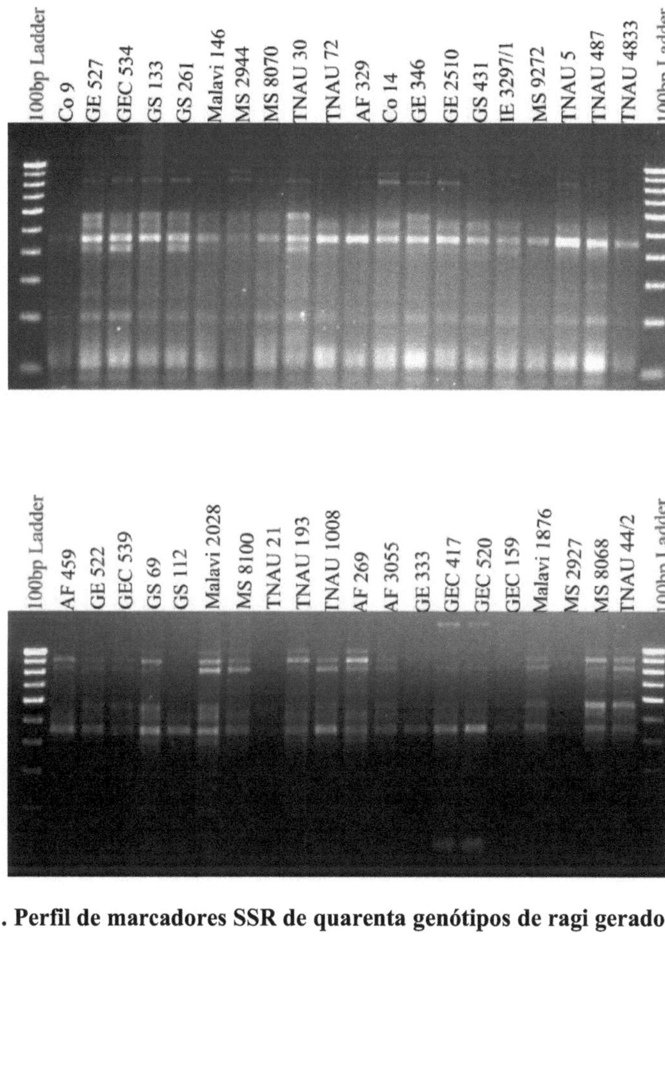


**Placa 5 . Perfil de marcadores SSR de quarenta genótipos de ragi gerados por RM**

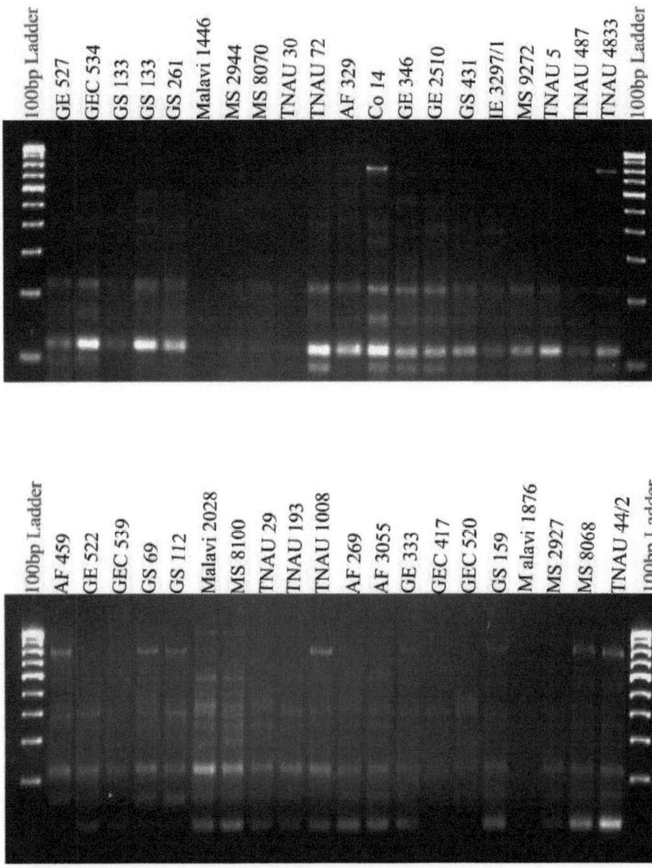


**Placa 6 . Perfil de marcadores SSR de quarenta genótipos gerados por RM 440**

**Tabela 20. Composição de grupos de quarenta genótipos de ragi com base na análise SSR utilizando UPGMA**

| Número de cluster | Número de genótipos | Nome dos genótipos |
|---|---|---|
| I | 1 | Co 9 |
| II | 1 | EM 2927 |
| III | 18 | GE 527, GEC 539, GEC 534, MS 8100, TNAU 1008, GE 522, TNAU 193, GS 133, GS 261, TNAU 72, AF 329, GE 346, GE 2510, AF 269, Co 14, GS 431, IE 3297/1, AF 3055 |
| IV | 4 | AF 459, Malavi 2028, GS 112, GS 69 |
| V | 4 | MS 9272, TNAU 4833, GS 159, GE 333 |
| VI | 1 | TNAU 21 |
| VII | 1 | TNAU 487 |
| VIII | 2 | MS 8068, TNAU 44/2 |
| IX | 2 | Malavi 1446, TNAU 30 |
| X | 2 | MS 2944, MS 8070 |
| XI | 2 | GEC 417, GEC 520 |
| XII | 1 | TNAU 5 |
| XIII | 1 | Malavi 1876 |

# CAPÍTULO 5

# DISCUSSÃO

No presente estudo, quarenta genótipos de painço foram testados quanto à tolerância à salinidade na fase de plântula em meio basal ½ MS com quatro níveis de salinidade: 3000, 6000, 9000 e 12000 ppm, juntamente com o controlo. A percentagem de germinação e os parâmetros das plântulas, *nomeadamente* o peso fresco das plântulas, o comprimento dos rebentos das plântulas, o comprimento das raízes das plântulas, o comprimento das plântulas e o peso seco das plântulas, foram registados nos dias 20 e 30 após a inoculação. Foram também efectuados estudos de diversidade molecular nos quarenta genótipos de milho painço utilizando marcadores ISSR e SSR. Os resultados obtidos no presente estudo são discutidos em pormenor nos pontos seguintes.

5.1. Tolerância à salinidade *in vitro*

5.2. Diversidade molecular

## 5.1. Tolerância à salinidade *in vitro*

O milheto é uma das culturas cerealíferas amplamente cultivadas em zonas semi-áridas, tanto em condições de sequeiro como de irrigação. Com o aumento das instalações de irrigação e as más práticas de gestão da água, o problema da salinidade do solo está a intensificar-se de dia para dia. O problema é muito preocupante em condições áridas e semi-áridas. Para uma melhor utilização das terras salinas, é essencial gerir a salinidade e/ou cultivar culturas e respectivas variedades resistentes à salinidade. Uma vez que a recuperação de solos salinos é um processo moroso e dispendioso, é urgentemente necessário identificar culturas e respectivos genótipos que resistam à salinidade.

É óbvio que mesmo as culturas moderadamente resistentes podem ser tornadas bastante tolerantes através de um programa de melhoramento adequado. Mas, antes de iniciar esse programa, seria importante identificar o genótipo que apresenta resistência à salinidade em diferentes fases de crescimento e também os traços que atribuem resistência à salinidade. A investigação demonstrou que algumas das plantas cultivadas tolerantes à seca são também moderadamente resistentes à salinidade (Fowler *et al.,* 1988). O painço-dedo, sendo uma cultura tolerante à seca (Hilu e De Wet, 1976; Bhandari, 1974), tolera níveis médios de salinidade (Singaram, 1994).

A germinação das sementes é a fase mais crítica e sensível ao stress da salinidade. Uma germinação deficiente num solo salino conduz a um fraco desenvolvimento e produtividade das culturas. Verificou-se que o aumento dos níveis de salinidade reduz a germinação em vários cereais (Sharma, 1993; Ayman, 1995 e Ram, 1996). Tendo em conta estes aspectos, no presente estudo, foram avaliados quarenta genótipos de milho painço na fase de plântula, impondo quatro níveis de stress de salinidade, nomeadamente 3000, 6000, 9000 e 12000 ppm, criados através da utilização de diferentes concentrações de NaCl. Os resultados obtidos são discutidos a seguir. Os genótipos mais bem classificados aos 20 e 30 dias de cultura nos dois níveis de concentrações de sal, 3000 ppm e 6000 ppm, são apresentados no quadro 21. Com concentrações de sal de 9000 ppm e 12000 ppm, todos os genótipos foram severamente afectados.

Entre os quarenta genótipos avaliados quanto à germinação, dois genótipos MS 8070 e GS 159 mostraram o mesmo nível de germinação que o do controlo em dois níveis de tratamento salino, *a saber,* 3000 ppm e 6000 ppm. O genótipo TNAU 1008 apresentou um aumento na percentagem de germinação em relação ao controlo a 3000 ppm e 6000 ppm (aumento de 2%). A germinação dos genótipos MS 8070, AF 329, G E 2510, MS 9272, TNAU 5, AF 459, GS 69, GS 112, MS 8100, TNAU 21, TNAU 193, TNAU 1008, AF 269, GE 333, GEC 520, GS 159, Malavi 1876, MS 2927, MS 8068 e TNAU 44/2 foi menos afetada a 3000 e 6000 ppm. A germinação de alguns dos genótipos não foi severamente afetada mesmo a 9000 ppm e o melhor classificado entre eles foi o AF 329, que mostrou uma redução inferior a 15% na germinação em relação ao controlo. A germinação de todos os genótipos foi severamente afetada a 12000 ppm e, entre estes, o AF 459 foi o genótipo menos afetado na germinação (redução de 47,22%). A resposta diferencial dos genótipos de milheto para a germinação

**Tabela 21. Genótipos superiores para tolerância ao sal a 3000 ppm e 6000 ppm em comparação com o controlo para diferentes caracteres de plântulas**

| S. Não. | Carácter | Genótipos com maior/menor redução em relação ao controlo em | | |
|---|---|---|---|---|
| | | 3000 ppm em ambos 20 e 30 dias de cultura | 6000 ppm em ambos 20 e 30 dias de cultura | 3000 e 6000 ppm em 20 e 30 dias de cultura |
| 1. | Peso fresco | MS 8100 (+83, +21)<br>AF 269 (+48, +68)<br>AF 459 (+29, +13)<br>MS 9272 (-5, +26) | AF 269 (+33, +46)<br>AF 329 (-2, +41)<br>AF 459 (-4, +65) | AF 269<br>AF 459 |

| | | | | |
|---|---|---|---|---|
| | | Co 14 (-10, +90) | | |
| 2. | Comprimento do rebento | MS 8100 (+70, +7)<br>GS 69 (+2, +11)<br>AF 459 (-3, +17)<br>MS 9272 (-8, 0) | AF 459 (+14, +15) | AF 459 |
| 3. | Comprimento da raiz | GS 69 (+46, +18)<br>TNAU 1008 (+45, +27)<br>GS 133 (+35, +4)<br>AF 3055 (+32, +1)<br>AF 459 (+14, +5)<br>GS 159 (+11, +7)<br>GEC 520 (-5, +16)<br>AF 329 (-10, +62)<br>TNAU 4833 (-10, -2)<br>TNAU 193 (-11, +38) | AF 459 (+25, +23)<br>TNAU 487 (+17, +98)<br>TNAU 1008 (+4, -4)<br>GS 159 (-2, -3) | AF 459<br>TNAU 1008<br>GS 159 |
| 4. | Comprimento das plântulas | GS 133 (+22, -10)<br>TNAU 1008 (+19, -1)<br>GE 346 (+14, +20)<br>AF 459 (+6, +11) | AF 459 (+20, +19)<br>TNAU 487 (-4, +45) | AF 459 |
| 5. | Peso seco | GE 522 (+79, -6)<br>MS 8100 (+33, +13)<br>AF 459 (+18, +52)<br>AF 269 (+16, -3)<br>TNAU 193 (-7, -6) | MS 8068 (+28, +91)<br>AF 269(+16, +9)<br>MS 2927 (0, +15)<br>TNAU 44/2 (0, +8)<br>GS 112 (-6, 0)<br>AF 459 (-8, +21) | AF 459<br>AF 269 |

(Os dois valores indicados entre parênteses após cada genótipo são a % de aumento/redução do carácter em relação ao controlo no 20º dia de cultura e no 30º dia de cultura, respetivamente).

Os valores + indicam um aumento percentual do carácter em relação ao controlo e

- os valores indicam a redução percentual do carácter em relação ao controlo

em diferentes níveis de salinidade foram relatados por Panigarh *et al.* (1978) e Onkware (1993). O efeito drástico de níveis de salinidade mais elevados na germinação do painço também foi registado por Sarma *et al.* (1983) e Uma *et al.* (1995).

Os genótipos mais bem classificados quanto ao aumento/menor redução do peso fresco das plântulas em relação ao controlo a 3000 ppm, tanto no 20.o como no 30·o dia de cultura, foram

MS 8100, AF 269, AF 459, MS 9272 e Co 14. A 6000 ppm de concentração de sal, os genótipos AF 269, AF 329 e AF 459 foram os melhores para o peso fresco das plântulas, tanto no 20º como no 30º dia de cultura. Dois genótipos, AF 269 e AF 459, tiveram um bom desempenho tanto a 3000 ppm como a 6000 ppm para o peso fresco das plântulas.

Os genótipos MS 8100, GS 69, AF 459 e MS 9272 tiveram um aumento/menor redução no comprimento dos rebentos das plântulas em relação ao controlo a 3000 ppm, tanto aos 20 como aos 30 dias de cultura. A 6000 ppm, o AF 459 foi considerado o genótipo com melhor desempenho para o comprimento dos rebentos das plântulas. Considerando as duas concentrações de sal 3000 ppm e 6000 ppm em conjunto, o genótipo AF 459 foi o menos afetado pelo comprimento dos rebentos das plântulas. O comprimento dos rebentos das plântulas diminuiu significativamente com o aumento do stress salino no painço. Verificou-se que a redução do comprimento dos rebentos acompanha o aumento do stress salino em várias culturas (Torres e Echevarria, 1994; Begam *et al.,* 1996; Singh *et al.,* 1998 e Singh e Singh, 1999).

Os genótipos mais bem classificados quanto ao aumento/menor redução do comprimento da raiz das plântulas em relação ao controlo a 3000 ppm, tanto aos 20 como aos 30 dias de cultura, foram GS 69, TNAU 1008, GS 133, AF 3055, AF 459, GS 159, GEC 520, AF 329, TNAU 4833 e TNAU 193. Em relação à concentração de sal de 6000 ppm, tanto aos 20 como aos 30 dias de cultura, os genótipos AF 459, TNAU 487, TNAU 1008 e GS 159 deram um aumento/menor redução no peso fresco em relação ao controlo. Três genótipos, AF 459, TNAU 1008 e GS 159, tiveram um bom desempenho tanto a 3000 ppm como a 6000 ppm. A redução no comprimento da raiz das plântulas devido ao aumento da salinidade foi relatada por Panigarh *et al*. (1978) em milheto e em outras culturas por Pearson *et al.* (1966).

Em relação ao comprimento das plântulas, os genótipos GS 133, TNAU 1008, GE 346 e AF 459 mostraram um aumento/menor redução em relação ao controlo a 3000 ppm, tanto no 20º como no 30º dia de cultura. Os genótipos AF 459 e TNAU 487 tiveram um bom desempenho para 6000 ppm aos 20 e 30 dias de cultura. Considerando as duas concentrações de sal 3000 ppm e 6000 ppm juntas, o genótipo AF 459 foi o menos afetado no comprimento das plântulas. A redução do comprimento médio das plântulas devido ao aumento da salinidade foi relatada em várias culturas por Abul-Baki e Anderson (1973), Torres e Echevarria (1994), Singh *et al.* (1998) e Singh e Singh (1999).

Os genótipos com melhor classificação para o aumento/menor redução do peso seco das plântulas em relação ao controlo a 3000 ppm, após 20 e 30 dias de cultura, foram GE 522, MS 8100, AF 459, AF 269 e TNAU 193. Em relação a 6000 ppm, após 20 e 30 dias de cultura, os genótipos MS 8068, AF 269, MS 2927, TNAU 44/2, GS 112 e AF 459 apresentaram melhor desempenho em comparação com outros genótipos. Considerando as duas concentrações de sal (3000 ppm e 6000 ppm) em conjunto, os genótipos AF 459 e AF 269 apresentaram um nível mais elevado de tolerância para o peso seco das plântulas.

Considerando todos os caracteres de plântulas em conjunto, o genótipo AF 459 mostrou superioridade para todos os cinco caracteres de plântulas estudados. A germinação deste genótipo também foi menos afetada a 3000 e 6000 ppm de concentração de sal e a 9000 ppm foi o genótipo mais bem classificado em termos de germinação, mostrando uma redução inferior a 15% na germinação em comparação com o controlo. O genótipo AF 269 teve maior peso fresco de plântula e maior peso seco de plântula no nível mais baixo de concentração de sal utilizado, enquanto os genótipos TNAU 1008 e GS 159 tiveram um maior comprimento de raiz em ambas as concentrações mais baixas de sal estudadas. Os genótipos AF 269, TNAU 1008 e GS 159 também apresentaram menor redução na germinação nas concentrações de sal de 3000 e 6000 ppm.

## 5.2. Diversidade molecular

### 5.2.1. Análise ISSR

Embora os descritores morfológicos sejam úteis, são em número limitado e podem ser afectados por factores ambientais. Os marcadores moleculares são um complemento útil à caraterização morfológica e fisiológica das cultivares porque são abundantes, independentes dos efeitos dos tecidos ou do ambiente e permitem a identificação da cultivar numa fase precoce do desenvolvimento da planta.

A ameaça de erosão genética levou a um interesse significativo na avaliação da diversidade genética nas colecções de germoplasma (Manifesto *et al.,* 2001). Tal como salientado por Lu e Bernardo (2001), que trabalham com variedades endogâmicas de milho, os criadores estão preocupados com uma possível redução da base genética das variedades actuais. Alguns dos investigadores sugeriram que a redução da diversidade genética que acompanha o melhoramento das plantas tem sido muito limitada (Domini *et al.,* 2000; Manifesto *et al.,* 2001; Koebner *et al.,* 2003). Em contrapartida, alguns outros investigadores referiram uma diminuição significativa da diversidade alélica dos conjuntos de genes existentes nas culturas cultivadas (Fu *et al.*, 2003; Roussel *et al.*, 2004; Fu *et al.*, 2005).

Os marcadores moleculares baseados em diferenças nas sequências de ADN entre indivíduos detectam geralmente mais polimorfismos do que os marcadores morfológicos e proteicos e constituem uma nova geração de marcadores genéticos (Mignouna *et al.*, 1998 e Tanksley *et al.*, 1989).

As técnicas ISSR são quase idênticas às técnicas RAPD, exceto que as sequências de primers ISSR são concebidas a partir de regiões de microssatélites e as temperaturas de recozimento utilizadas são mais elevadas do que as utilizadas para os marcadores RAPD. Os marcadores ISSR têm um grande potencial para estudos de populações naturais (Wolfe *et al.*, 1998).

Os ISSRs segregam maioritariamente como marcadores dominantes, seguindo uma herança mendeliana simples (Wang *et al.*, 1998). No entanto, também se demonstrou que, nalguns casos, segregam como marcadores co-dominantes, permitindo assim a distinção entre homozigotos e heterozigotos (Sankar e Moore, 2001).

Os marcadores ISSR são altamente polimórficos e são utilizados em estudos sobre diversidade genética, filogenia, marcação de genes, cartografia do genoma e biologia evolutiva (Reddy *et al.*, 2002). O potencial de fornecimento de marcadores ISSR depende da variedade e frequência dos microssatélites, que varia consoante a espécie e os motivos SSR visados (Depeiges *et al.*, 1995). Os ISSR têm uma maior capacidade de revelar polimorfismo e oferecem um grande potencial para determinar a diversidade intra e intergenómica, em comparação com outros iniciadores arbitrários como os RAPD (Zeitkiewicz *et al.*, 1994).

No presente estudo, foram utilizados 30 marcadores ISSR para avaliar a diversidade genética de 40 genótipos de milho-miúdo. Dos 30 primers ISSR, 20 amplificaram nos 40 genótipos de milheto. Os vinte iniciadores geraram um total de 101 alelos. O número de alelos produzidos por diferentes iniciadores variou de três a dez, com uma média de 5,05 marcadores por iniciador. Este valor é bastante mais elevado do que o de outros porto em painço (Gupta *et al.*, 2010). O número máximo de produtos amplificados foi gerado pelo primer ISSR 45 (10), seguido pelo ISSR 44 (9).

O conteúdo de informação polimórfica (PIC) revela a quantidade de informação que pode ser obtida a partir de um determinado iniciador. No presente estudo, o conteúdo de PIC dos primers ISSR variou entre ISSR 58 (0,345) e ISSR 44 (0,761), com uma média de 0,588, o que foi bastante inferior aos resultados obtidos por Gupta *et al.* (2010) em painço. O valor PIC mais elevado indicou a informatividade dos pares de primers. Assim, os pares de primers ISSR 49, ISSR 44 e ISSR 45 podem ser úteis em estudos futuros no domínio da gestão taxonómica e dos recursos genéticos.

O índice de semelhança foi o mais elevado (84%) entre os genótipos GEC 539 e GE 522, que se encontravam no agrupamento I. O menor foi observado em 24% entre os genótipos TNAU 44/2 e MS 2944, que ocupavam dois agrupamentos separados, nomeadamente o agrupamento IV e o agrupamento V, respetivamente. O coeficiente de similaridade de Jaccard variou de 0,35 a 0,84.

Com base no dendrograma do método de grupos de pares não ponderados com média aritmética (UPGMA), os 40 genótipos foram agrupados em cinco grupos com um nível de semelhança de 60 por cento. Entre os diferentes grupos, o grupo II apresentou o maior número de genótipos (31), seguido do grupo I, com quatro genótipos, nomeadamente Co 9, Malavi 1876, MS 8068 e MS 2927. O grupo III tinha três genótipos, nomeadamente AF 3055, GE 333 e GEC 417; os grupos IV e V tinham apenas um genótipo cada, TNAU 44/2 e MS 2944, respetivamente.

### 5.2.2. Análise SSR

Os SSR têm sido considerados úteis e vantajosos em relação a outros marcadores moleculares, especialmente para a seleção assistida por marcadores e para estudos de diversidade genética, uma vez que são co-dominantes e multialélicos por natureza (Gupta e Varshney, 2000). A elevada diversidade obtida com os SSR é coerente com as caraterísticas conhecidas, sendo mais variáveis e altamente polimórficos do que os RAPD ou os AFLP (Powell *et al.,* 1996). Foram propostos três mecanismos como responsáveis pela criação de novos alelos SSR: deslizamento da replicação (Tachida e Iizuka, 1992), crossing over desigual e recombinação genética (Harding *et al.,* 1992). O fator mais importante que afecta o número de alelos por locus é a caraterística do material utilizado. O número de alelos é geralmente mais elevado nos acessos do banco de genes do que nas variedades cultivadas relacionadas, frequentemente de origem comum (Varshney *et al.,* 2001). A capacidade de determinar a variação genética entre os acessos a nível molecular estava diretamente relacionada com o número de polimorfismo e a sua reprodutibilidade.

Os SSR consistem em unidades repetidas em tandem de motivos nucleotídicos curtos com 1-

6 pb de comprimento. As repetições de di, tri e tetranucleótidos são as mais comuns *(por exemplo, (CA)n,* (AAT)*n* e (GATA)*n,* respetivamente) e estão amplamente distribuídas pelos genomas de plantas e animais (Jarne e Lagoda, 1996).

Até à data, existem poucos relatórios sobre o isolamento e o desenvolvimento de marcadores de microssatélites no painço. Por conseguinte, os marcadores de microssatélites do arroz devem ser validados para poderem ser transferidos para o milheto. A capacidade de utilizar os mesmos marcadores de microssatélites em diferentes espécies de plantas depende do grau de conservação das sequências nos sítios de ligação dos iniciadores que flanqueiam os loci de microssatélites e da estabilidade da sequência durante a evolução (Decroocq *et al.*, 2003). Os pares de iniciadores de microssatélites utilizados no presente estudo são originários do arroz e todos os dez pares de iniciadores de microssatélites foram capazes de amplificar os loci SSR em todos os genótipos de milho-miúdo estudados. Isto indica a conservação das sequências de microssatélites entre as duas espécies durante a evolução. A transferibilidade de marcadores de microssatélites entre espécies aumenta a sua utilidade e pode potencialmente diminuir o custo de desenvolvimento. Os marcadores de microssatélites conservados entre as espécies também servem como uma ferramenta valiosa para estudos de mapeamento comparativo (Dirlewanger *et al.*, 2004; Yu *et al.*, 2004; Gupta *et al.*, 2008).

No presente estudo, dez marcadores SSR produziram 23 marcadores e o número de marcadores variou de dois a cinco, com uma média de 2,3 marcadores por primer. O número de marcadores por locus SSR no presente estudo foi inferior ao de estudos anteriores com milheto (6,42 marcadores por locus, Dida *et al.,* 2008 e Bharathi, 2011), sorgo (7,3 marcadores por locus, Assar *et al.,* 2005) e milheto (5 marcadores por locus, Budak *et al.,* 2004). O número máximo de produtos amplificados foi gerado pelo primer RM 492 (5), seguido por RM 2 e RM 440 (4).

O conteúdo de informação polimórfica (PIC) revela a quantidade de informação que pode ser obtida a partir de um determinado iniciador. No presente estudo, o conteúdo de PIC dos primers SSR variou entre 0,320 (RM 244) e 0,729 (RM 492), com uma média de 0,323, o que foi bastante inferior aos outros relatórios (0,196 (UGEP107) e 0,834 (UGEP12), com uma média de 0,530 em painço por Bharathi, 2011; 0,064 (RM 274) e 0,72 (RM 580), com uma média de 0,46 em arroz por Seetharam *et al.* 2008). O valor PIC mais elevado indica a informatividade dos pares de primers. Por conseguinte, os pares de primers RM 440, RM 492 e RM 2 são considerados úteis em estudos futuros no domínio da gestão taxonómica e dos recursos genéticos.

O índice de semelhança foi o mais elevado (90 por cento) entre o TNAU 72 e o GS 261, que se encontravam no mesmo agrupamento (3). O menor foi observado em 37% entre Malavi 1876 e GS 112, que se encontravam nos grupos XI e IV, respetivamente. Os genótipos Malavi 1876 e GS 112 apresentaram o valor mais elevado do índice de dissimilaridade, o que mostra indiretamente a extensão da diversidade genética existente entre os genótipos.

No presente estudo, os 40 genótipos foram agrupados em treze grupos com uma semelhança genética de 72%, o que é bastante mais elevado do que os relatórios anteriores. Babu *et al.* (2007), no seu estudo, agruparam 32 genótipos de milheto em dois grupos; Das *et al.* (2007) agruparam 29 genótipos de milheto em dois grupos e Bharathi, (2011) agrupou 959 acessos em seis grupos. O coeficiente de similaridade de Jaccard variou de 0,53 a 0,90. Cada agrupamento distinguiu claramente os genótipos dos outros.

Entre os diferentes grupos, o grupo I e o grupo II foram constituídos por apenas um genótipo, nomeadamente Co 9 e MS 2927, respetivamente. O grupo III registou o maior número de genótipos (18). Os genótipos AF 459, Malavi 2028, GS 112 e GS 69 constituem o agrupamento IV e MS 9272, TNAU 4833, GS 159 e GE 333 pertencem ao agrupamento V. O grupo VI é constituído por TNAU 21; o grupo VII tem o genótipo TNAU 487; o grupo VIII tem os genótipos MS 8068 e TNAU 44/2; o grupo IX tem os genótipos Malavi 1446 e TNAU 30; o grupo X tem os genótipos MS 2944 e MS 8070; o grupo XI tem os genótipos GEC 417 e GEC 520; o grupo XII tem o genótipo TNAU 5 e o grupo XII tem o genótipo Malavi 1876.

Os genótipos AF 459, AF 269, TNAU 1008 e GS 159, que mostraram um nível mais elevado de tolerância à salinidade tanto a 3000 como a 6000 ppm para um ou vários caracteres de plântulas, foram incluídos no grupo II formado pelo estudo com 30 marcadores ISSR. No entanto, os genótipos acima referidos não estavam presentes no grupo formado pelo estudo com 10 marcadores SSR.

# CAPÍTULO 6

## RESUMO

No presente estudo, quarenta genótipos de painço foram testados quanto à tolerância à salinidade na fase de plântula em meio basal ½ MS com quatro níveis de salinidade: 3000, 6000, 9000 e 12000 ppm, juntamente com o controlo. A percentagem de germinação e os parâmetros das plântulas, *nomeadamente* o peso fresco das plântulas, o comprimento dos rebentos das plântulas, o comprimento das raízes das plântulas, o comprimento das plântulas e o peso seco das plântulas, foram registados nos dias 20 e 30 após a inoculação.

A germinação dos genótipos MS 8070, AF 329, GE 2510, MS 9272, TNAU 5, AF 459, GS 69, GS 112, MS 8100, TNAU 21, TNAU 193, TNAU 1008, AF 269, GE 333, GEC 520, GS 159, Malavi 1876, MS 2927, MS 8068 e TNAU 44/2 foi menos afetada a 3000 e 6000 ppm. A germinação de alguns dos genótipos não foi severamente afetada mesmo a 9000 ppm e o melhor classificado entre eles foi o AF 329, que mostrou uma redução inferior a 15% na germinação em relação ao controlo. A germinação de todos os genótipos foi severamente afetada a 12000 ppm e, entre estes, o AF 459 foi o genótipo menos afetado na germinação (redução de 47,22%).

Os genótipos com melhor classificação para aumento/menor redução no peso fresco das plântulas em relação ao controlo a 3000 ppm, tanto no $^{20^\circ}$ como no $^{30^\circ}$ dia de cultura, foram MS 8100, AF 269, AF 459, MS 9272 e Co 14. A 6000 ppm de concentração de sal, os genótipos AF 269, AF 329 e AF 459 foram os melhores para o peso fresco das plântulas tanto no $^{20^\circ}$ como no $^{30^\circ}$ dia de cultura. Dois genótipos, AF 269 e AF 459, tiveram um bom desempenho tanto a 3000 ppm como a 6000 ppm para o peso fresco das plântulas.

Os genótipos MS 8100, GS 69, AF 459 e MS 9272 tiveram um aumento/menor redução no comprimento dos rebentos das plântulas em relação ao controlo a 3000 ppm, tanto aos 20 como aos 30 dias de cultura. A 6000 ppm, o AF 459 foi considerado o genótipo com melhor desempenho para o comprimento dos rebentos das plântulas. Considerando as duas concentrações de sal 3000 ppm e 6000 ppm juntas, o genótipo AF 459 foi o menos afetado no comprimento dos rebentos das plântulas.

Os genótipos mais bem classificados quanto ao aumento/menor redução do comprimento da raiz das plântulas em relação ao controlo a 3000 ppm, tanto aos 20 como aos 30 dias de cultura, foram GS 69, TNAU 1008, GS 133, AF 3055, AF 459, GS 159, GEC 520, AF 329,

TNAU 4833 e TNAU 193. Em relação à concentração de sal de 6000 ppm, tanto aos 20 como aos 30 dias de cultura, os genótipos AF 459, TNAU 487, TNAU 1008 e GS 159 deram um aumento/menor redução no peso fresco em relação ao controlo. Três genótipos, AF 459, TNAU 1008 e GS 159, tiveram um bom desempenho tanto a 3000 ppm como a 6000 ppm.

Em relação ao comprimento das plântulas, os genótipos GS 133, TNAU 1008, GE 346 e AF 459 mostraram um aumento/menor redução em relação ao controlo a 3000 ppm, tanto no 20º como no 30º dia de cultura. Os genótipos AF 459 e TNAU 487 tiveram um bom desempenho para 6000 ppm aos 20 e 30 dias de cultura. Considerando as concentrações salinas de 3000 ppm e 6000 ppm em conjunto, o genótipo AF 459 foi o menos afetado no comprimento das plântulas.

Os genótipos com melhor classificação para o aumento/menor redução do peso seco das plântulas em relação ao controlo a 3000 ppm, após 20 e 30 dias de cultura, foram GE 522, MS 8100, AF 459, AF 269 e TNAU 193. Em relação a 6000 ppm, após 20 e 30 dias de cultura, os genótipos MS 8068, AF 269, MS 2927, TNAU 44/2, GS 112 e AF 459 apresentaram melhor desempenho em comparação com outros genótipos. Considerando as duas concentrações de sal (3000 e 6000 ppm) em conjunto, os genótipos AF 459 e AF 269 apresentaram um nível mais elevado de tolerância para o peso seco das plântulas.

Considerando todos os caracteres de plântulas em conjunto, o genótipo AF 459 mostrou superioridade para todos os cinco caracteres de plântulas estudados. A germinação deste genótipo também foi menos afetada a 3000 e 6000 ppm de concentração de sal ião e a 9000 ppm foi o genótipo mais bem classificado em termos de germinação, apresentando menos de 15% de redução na germinação em comparação com o controlo. O genótipo AF 269 apresentou um peso fresco de plântula mais elevado e um peso seco de plântula mais elevado a 3000 ppm de concentração de sal em comparação com o controlo, enquanto os genótipos TNAU 1008 e GS 159 apresentaram um comprimento de raiz mais elevado em ambas as concentrações de sal mais baixas estudadas. Os genótipos AF 269, TNAU 1008 e GS 159 também apresentaram menor redução na germinação a 3000 e 6000 ppm de concentração de sal, em comparação com o controlo.

Para o estudo molecular, foram utilizados 30 marcadores ISSR e dez marcadores SSR para avaliar a diversidade genética de 40 genótipos de ragi. Dos 30 iniciadores ISSR, 20 amplificaram nos 40 genótipos de ragi. Os 20 iniciadores produziram um total de 101 marcadores, que variaram de três a dez, com uma média de 5,05 marcadores por iniciador. O número máximo de produtos amplificados foi gerado pelo iniciador ISSR 45 (10), seguido do ISSR 44 (9). O conteúdo PIC dos primers ISSR variou entre ISSR 58 (0,345) e ISSR 44 (0,761), com uma média de 0,588. O coeficiente de similaridade de Jaccard variou de 0,35 a 0,84. Com base no dendrograma do método de grupos de pares não ponderados com média aritmética (UPGMA), os 40 genótipos foram agrupados em cinco grupos com um nível de semelhança de 60 por cento. O índice de semelhança foi o mais elevado (84%) entre os genótipos GEC 539 e GE 522, que se encontravam no agrupamento I. O menor foi observado em 24% entre os genótipos TNAU 44/2 (agrupamento IV) e MS 2 944 (agrupamento V).

Dez marcadores SSR produziram 23 marcadores e o número de marcadores variou de dois a cinco, com uma média de 2,3 marcadores por primer. O número máximo de produtos amplificados foi gerado pelo iniciador RM 492 (5), seguido por RM 2 e RM 440 (4). O teor de PIC dos primers SSR variou entre 0,320 (RM 244) e 0,729 (RM 492), com uma média de 0,323. Os pares de primers RM 440, RM 492 e RM 2, que apresentaram valores PIC mais elevados, merecem ser utilizados em estudos futuros no domínio da gestão taxonómica e dos recursos genéticos. O coeficiente de similaridade de Jaccard variou de 0,53 a 0,90. Os 40 genótipos foram agrupados em treze grupos com uma semelhança genética de 72%. O índice de semelhança foi o mais elevado (90 por cento) entre TNAU 72 e GS 261, que pertenceu ao grupo III. O menor índice foi observado em 37% entre Malavi 1876 (grupo XI) e GS 112 (grupo IV).

Os genótipos AF 459, AF 269, TNAU 1008 e GS 159, que mostraram um nível mais elevado de tolerância à salinidade tanto a 3000 como a 6000 ppm para um ou vários caracteres de plântulas e germinação, foram incluídos no grupo II formado pelo estudo com 30 marcadores ISSR. No entanto, os genótipos acima referidos não estavam presentes no agrupamento formado pelo estudo com 10 marcadores SSR.

# REFERÊNCIAS


Abdul-Baki e J.P. Anderson.1973. Determinação do vigor em sementes de soja por critérios múltiplos. **Crop Sci., 13:** 630-633.

Abraham, M.J., A.S. Gupta e B.K. Sharma. 1989. Variabilidade genética e associação de caracteres de rendimento e seus componentes no painço *(Eleusine coracana)* num solo ácido de Meghalaya. **Indian J. Agric. Sci., 59:** 579-581.

Abrol, I.P. 1986. Salt affected soil, an overview. In: (Eds.) V.L. Chopra and R.S. Paroda, Approaches for incorporating drought and salinity resistance in crop plant. **Oxford e IBH Publishing Co. Pvt. Ltd., Nova Deli:** 1-23.

Akbar, M. 1986. Breeding for salinity resistance in rice. Em: (Eds.) Ahmed, R. e A.S. Pietro. **Prospects for bio-saline research,** Department of Botany, University of Karachi, Pakistan: 37-55.

Akbar, M. e T. Yabuno. 1974. Reprodução de variedades de arroz resistentes à salinidade. Herança da esterilidade da panícula de tipo retardado induzida pela salinidade. **Japan J. Breed, 27:** 237-240.

Ali, J., E. Somasundaram, S.E. Nainamohammed, R. Rajagopalan, K. Rajukkannu e M. Subramanian. 1999. Rice in coastal saline soils of Tamil Nadu (Arroz em solos salinos costeiros de Tamil Nadu). In:(Eds.) M. Subramanian. Vistas of Rice. Instituto de Investigação do Arroz de Tamil Nadu, Aduthurai, Tamil Nadu: 34-43.

Anónimo. 1999. International rules for Seed testing. **Seed Sci. Tech.:** 25-30.

Armour, J.A.L., S.A. Alegre, S. Miles, L.J. Williams e R.M. Badge. 1999. Minisatélites e processos de mutação em DNA repetitivo em tandem. Em: (Eds.) Goldstein, D.B., C. Schlotterer. **Microsatellites: evolution and applications. Oxford University Press**, Oxford: 24-33.

Assar, A.H., R. Uptmoor, A.A. Abdelmula, M. Salih, F. Ordon e W. Friedt. 2005. Variação genética no germoplasma de sorgo do Sudão, ICRISAT e EUA avaliada por repetições de sequência simples (SSRs). **Crop Sci., 45**:1636-1644.

Ayman, S. 1995. Influências do cloreto de sódio induzido pela salinidade em genótipos de trigo *(Triticum aestivum)*. **Dissertação de Mestrado (Ag.)** apresentada ao Departamento de

Fisiologia Vegetal, I. Ag. Sc. B.H.V. Varanasi, Índia.

Babu, B.K., N. Senthil, S.M. Gomez, K.R. Biji, N.S. Rajendra Prasad, S. Satheesh Kumar e R. Chandra Babu. 2007. Assessment of genetic diversity among finger millet *(Eleusine coracana* (L.) Gaertn.) accessions using molecular markers. **Genet. Resour. Crop Ev., 54:** 399-404.

Bal, A.R. 1974. A note on the comparative study of free amino acid content between wild salt tolerant and cultivated rice varieties. **Curr. Sci., 44:** 194-195.

Balakrishnan, A., K. Vairavan e P. Jayapaul. 1988. Estudos sobre a tecnologia melhorada para o cultivo de ragi em solos problemáticos. **Seeds and Farms, 14:** 18-20.

Basu, S., G. Gangopadhyay, B.B. Mukherjee, S. Basu e G. Gangopadhyay. 2002. Salt tolerance in rice *in vitro:* Implication of accumulation of $Na^+$ , $K^+$ and proline. **Plant Cell Tiss. Org. Cult., 69(1):** 55-64.

Bay, N.D., D.P. Misra e R.K. Gupta. 1992. Mecanismo de tolerância ao sal no arroz em relação ao teor de sódio, potássio e po lyamine. **Indian J. Agric. Biochem., 5:** 51-55.

Begum, F., W. Sultana, A. Nessa e S. Begum. 1996. Effect of NaCl salinity stress on seed germination and seedling growth of maize. **Seed Res., 24:** 97-101.

Bhandari, M.M. 1974. Alimentos para a fome no deserto de Rajasthan, *Elensine coracana* (L.) Gaertn. **Econ. Bot., 28:** 78.

Bharathi, A. 2011. Diversidade fenotípica e genotípica da coleção global de compostos de milheto *(Eleusine coracana* (L.) Gaertn.) **Doutoramento, Tese**. TNAU, Coimbatore.

Biswas, T.D. e S.K. Mukherjee. 1997. Solos afectados por sal. Text Book of Soil Science. **IBH Publishing Co. Pvt. Ltd:** 399-413.

Britten, R.J. e D.E. Kohne. 1968. Sequências repetidas no ADN. **Science, 161:** 529-540.

Budak, H., Y. Bolek, T. Dokuyucu e A. Akkaya. 2004. Potential uses of molecular markers in crop improvement, **KSU Journal of Science and Engineering, 7(1)**: 75-79.

Burkill, I.H. 1935. A dictionary of economic products of the Malay Pennisula (Dicionário de produtos económicos da Península Malaia). Crown Agents for the colonies, Londres.

Buscot, F.D., C. Battista, J.D. Munch, B. Botton e F. Martin. 1996. Espaçadores de ADN e PCR com microssatélites. **Mycological Res., 100:** 63-71.

Chambers, G.K. e E.S. Mac Avoy. 2000. Microsatellites: consensus and controversy. **Comp. Biochem. Phys., 126:** 455-476.

Chennaveeraiah, M.S. e S.C. Hiremath. 1974. Análise do genoma de *Eleusine coracana* (L.) Gaertn. **Euphytica, 23:** 489-495.

Das, R., C. Mishraa, G.R. Routb e S. Aparajitab. 2007. Variabilidade genética e relações entre trinta genótipos de painço (*Eleusine coracana* L. Gaertn.) utilizando marcadores RAPD. **Z. Naturforsch, 62c:** 116-122.

De Candolle, A. 1986. Origem das plantas cultivadas. Kegan Paul, Trench and Co. Londres.

Decroocq, V., M.G. Fave, L. Hagen, L. Bordenave e S. Decroocq. 2003. Desenvolvimento e transferibilidade de marcadores de microssatélites EST de damasco e uva entre taxa. **Theor. Appl. Genet, 106:** 912-922.

Depeiges, A., C. Goubley, S. Cocherel, G. Picard, M. Raynal, M. Grellet e F. Delseny. 1995. Identificação dos motivos de repetição mais representados nos loci de microssatélites de Arabidopsis thaliana . **Theor. Appl. Genet., 91:** 160-168.

Dida, M.M., N. Wanyera, M.L.N. Harrison Dunn, J.L. Bennetzen, K.M. Devos. 2008. Population structure and diversity in finger millet (*Eleusine coracana*) germplasm. **Tropical Plant Biology,** DOI 10.1007/s1 2042-008-9012-3.

Dida, M.M., Srinivasachary, S. Ramakrishna, J.L. Bennetzen, M.D. Gale e K.M. Devos. 2007. The genetic map of finger millet. *Eleusine coracana,* **Theor. Appl. Genet., 114:** 321-332.

Direção de Economia e Estatística, Governo da Índia. 2005-2006.

Direção de Economia e Estatística, Governo da Índia. 2007-2008.

Dirlewanger, E., E. Graziano, T. Joobeur, F. Garriga-Caldere, P. Cosson, W. Howad e P. Arus. 2004. Mapeamento comparativo e seleção assistida por marcadores em culturas frutícolas de Rosasceae. **Proc. Natl. Acad. Sci., 101:** 9891-9896.

Domini, P., J.R. Law, R.M.D. Koebner, J.C. Reeves e R.J. Cooke. 2000. Temporal trends in the diversity of UK wheat. **Theor. Appl. Genet., 100:** 912-917.

Doolittle, W.E. 1985. The evolutionary significance of middle-repetitive DNAs. In:(Ed.) Cavaher-Smith, T. **The evolution of genome size. Wiley, Nova Iorque:** 443-487.

Downton, W.J.S. 1977. Photosynthesis in salt stressed grape vines. **Aust. J. Plant Physiol, 4:** 183-192.

Dyson, P. e D. Sherrat. 1985. Molecular mechanisms of duplication, deletion and transposition of DNA. In:(Ed.) Cavaher-Smith, T. **The evolution of genome size. Wiley, Nova Iorque:** 353-395.

Epstein, E. 1980. Resposta das plantas ao ambiente salino. In:(Eds.) Rains, P.W., R.C. Valentine e A. Hollander. Genetic engineering of osmoregulation (Engenharia genética da osmorregulação*)*. **Plenum Press, Nova Iorque:** 7-21.

FAO. 2007. **FAOSTAT. Base de dados: http;//www/fao.org.**

Fowler, J.L., J.H. Hageman e H. Assadain. 1988. Avaliação da tolerância à salinidade do cardo russo, uma potencial cultura forrageira. **Agron. J., 80:** 250-258.

Fu, Y.B., G.W. Peterson, G. Scoles e B. Rossnagel. 2003. Alterações da diversidade alélica em 96 cultivares de aveia canadianas lançadas de 1886 a 2001. **Crop Sci., 43:** 1989-1995.

Fu, Y.B., G.W. Peterson, K .W. Richards, D. Somers, R.M. De Pauw e J.M. Clarke. 2005. Redução alélica e mudança genética no germoplasma canadiano de trigo duro de primavera vermelho libertado de 1845 a 2004. **Theor. Appl. Genet., 110:** 1505-1516.

Geetha, S. e B. Vembu. 1998. Effect of tannery effluent on the morphological and biochemical features of *Eleusine coracana* (L) Gaertn. **J. Ecotoxicol. Environ. Monit., 8:** 184-186.

Gill, K.S. e O.S. Singh. 1988. Recuperação do crescimento do stress salino durante a fase inicial das plântulas. Boletim Informativo Internacional de Investigação do Arroz. Departamento de Botânica. Punjab Agricultural Univ., Ludhiana, Índia.

Godwin, I.D., A.B. Aitken e W. Smith. 1997. Application of Inter Simple Sequence Repeats markers to plant genetics. **Electrophoresis, 18:** 1524-1528.

Goldstein, D.B. e C. Schlotterer. 1999. Microsatellites: Evolution and Applications. **Oxford University Press,** Oxford, Reino Unido.

Goldstein, D.B. e D.D. Pollock. 1997. Launching microsatellites: a review of mutation processes and methods of phylogenetic inference (Lançamento de microssatélites: uma revisão dos processos de mutação e métodos de inferência filogenética). **J. Hered., 88:** 335-

342.

Gupta, M., Y.S. Chyi, J. Romero-Severson e J.L. Owen. 1994. Amplificação de marcadores de ADN de genomas evolutivamente diversos utilizando iniciadores únicos de repetição de sequência simples. **Theor. Appl. Genet, 89:** 998-1006.

Gupta, P.K. e R.K. Varshney. 2002. O desenvolvimento e a utilização de microssatélites em plantas: uma nova classe de marcadores moleculares. **Curr. Sci., 70:** 4554.

Gupta, P.K., R.K. Varshney, P.C. Sharma e B. Ramesh. 1999. Molecular markers and their applications in wheat breeding (Marcadores moleculares e suas aplicações no melhoramento do trigo). **Plant Breed, 118:** 369-390.

Gupta, R., K. Verma, D.C. Joshi, D. Yadav e M. Singh. 2010. Assessment of genetic relatedness among three varieties of finger millet with variable seed coat color using RAPD and ISSR markers. **Genetic Engineering and Biotechnology J., 2:** 1-9.

Gupta, S. 1993. Estudos comparativos sobre a germinação do milheto, *Eleusine coracana.* **Indian J. Agric. Res., 65:** 754-756.

Gupta, S.K., J. Soufra manien e T. Gopalakrishna. 2008. Construção de um mapa de ligação genética de blackgram, *Vigna mungo* (L.) Hepper. Baseado em marcadores moleculares e estudos comparativos. **Genoma, 51:** 628-637.

Harding, R.M., A.J. Boyce e J.B. Clegg. 1992. A evolução do DNA repetitivo em tandem: Recombination rules. **Genetics, 132:** 847-859.

Hayward, H.E. e L. Bernstein. 1958. Relação de crescimento de plantas em solos afectados por sal. **Bot. Rev., 24:** 584-635.

Hills, D.N. 1987. Molecular versus morphological approaches to systematics. **Ann. Rev. Ecol. Syst., 18:** 23-42.

Hilu, K.W. 1988. Identificação do genoma 'A' do painço utilizando ADN de cloroplasto. **Genetics, 118:** 163-167.

Hilu, K.W. e J.L. Johnson. 1992. Ribosomal DNA variation in finger millet and wild species of *Eleusine* (Poacea). **Theor. Appl. Genet., 83:** 895-902.

Hilu, K.W. e J.M.J. De Wet. 1976a. Domesticação de *Eleusine coracana.* **Econ. Bot., 30:** 199-208.

Hilu, K.W. e J.M.J. De Wet. 1976b. Evolução racial do milheto, *Eleusine coracana.* **Am. J. Bot., 63:** 1311-1318.

Hilu, K.W., J.M.J. De Wet e J.R. Harlan. 1979. Archeobotany and the origin of finger millet. **Amer. J. Bot., 66:** 330-333.

Hiremath, S.C. e M.S. Chennaveeraiah. 1982. Cytogenetical studies in wild and cultivated species of *Eleusine* (Gramineae). **Caryologia, 35:** 57-69.

Hiremath, S.C. e S.S. Salimath. 1991: Alterações quantitativas do DNA nuclear em *Eleusine* (Gramineae). **P1. Syst. Evol., 178:** 225-233.

Hiremath, S.C. e S.S. Salimath. 1992. O dador do genoma 'A' de *Eleusine coracana* (L.) Gaertn. (Gramineae). **Theor. Appl. Genet., 84:** 747-754.

*Holt, J. 2000. Investigação sobre a biologia, epidemiologia e gestão da explosão do milheto em sistemas agrícolas com poucos factores de produção na África Oriental. http ://www. wisard. org/wisard/shared/asp/projectsummary.

Hurkman, W.J. 1992. Efeito do stress salino na expressão genética das plantas: A review. **Plant and Soil, 146:** 145-151.

Jaccard, P. 1908. Nouvelles recherché sur la distribution florale. **Bull. Soc. Voud. Sci. Nat., 44:** 223-270.

Jagadev, P.N. e D. Jena. 1993. Efeito da água de irrigação salina na germinação e crescimento de plântulas de arroz ge notypes. **Orissa J. Agric. Res., 6:** 87-90.

Jarne, P. e P. Lagoda. 1996. Microsatellites, from molecules to populations and back. **Trends Ecol. Evol., 11:** 424-429.

Jayaprakash, T.L., G. Ramamohan e T.G. Ganeshkumarprasad. 1999. Genotypic variability in differential expression of Lea 2 and Lea 3 genes and proteins in response to salinity stress in finger millet and rice. **Annals of Bot., 82:** 513-522.

Jennings, D.H. 1976. O efeito do Nacl em plantas superiores. **Biol. Rev., 51:** 453-486.

Kaliappan, R. e Rajagopal. 1968. Efeito da salinidade nas culturas de campo do sul da Índia, duração e fixação do grão em ragi *(Eleusine coracana* (L.) Gaertn.). **Madras Agric. J., 55:** 125-128.

Kaliappan, R., M. Ramachandran e B. Rajagopal. 1967. Efeito da irrigação com água salina na germinação e rendimento do ragi. **Madras Agric. J., 54:** 619-623.

Kamalanathan, G., K.A. Girija e R.P. Devadas. 1971. Possibilidades do ragi branco *(Eleusine coracana)* Co-9 na dieta humana. **Indian J. Nutr. Dieter., 8:** 315-318.

Kannan, K. e G. Oblisami. 1992. Efeito da irrigação com efluentes brutos e tratados de fábricas de papel nos índices de vigor de certas plantas cultivadas. **Madras Agric. J., 79:** 18-21.

Karp, A., S. Kresovich, K.V. Bhat, W.G. Ayad e T. Hodgkin. 1997. Molecular tools in plant genetic resources conservation: a guide to the technologies. **Boletim técnico do IPGRI n.º 2. IPGRI,** Roma, Itália.

Kennedy-O-Byrne. 1957. Notes on African grasses: XXIX. Uma nova espécie de *Eluesine* da África Tropical e do Sul. **Kew Bull, 12**: 65 -72.

Khan, M.S.A., A. Hamid e M.A. Karim. 1997a. Efeito do cloreto de sódio na germinação e nos caracteres das plântulas de diferentes tipos de arroz. **J. Agron. Crop Sci., 179:** 163-169.

Khan, M.S.A., A. Hamid, A.B.M. Salahuddin, A. Quasem e M.A. Karim. 1997b. Efeito do cloreto de sódio no crescimento, fotossíntese e acumulação de iões minerais de diferentes tipos de arroz. **J. Agron. Crop Sci., 179:** 149-161.

Koebner, R.M.D., P. Donini, J.C. Reeves, R.J. Cooke e J. Law. 2003. Temporal flux in the morphological and molecular diversity of UK barley (Fluxo temporal na diversidade morfológica e molecular da cevada do Reino Unido). **Theor. Appl. Genet., 106:** 550-558.

Kresovich, S. e J.R. Mc Ph erson. 1992. Avaliação e gestão da diversidade genética vegetal. Considerações sobre a variação intra e interespecífica. In: S. Kresovich. (Ed.), The impact of progress in genetics on plant resource (germplasm) conservation and utilization. **Field Crops Res., 29:** 185-204.

Krishnamurthy, R., M. Anbazhagan e K.A. Bhagwat. 1988. Effect of salinity on the concentration of nitrogenous compounds in rice cultivars. **Oryza, 25:** 84-86.

Kumari, K. e A. Pande. 2010. Estudo da diversidade genética do milheto *(Eleusine coracana* (L.) Gaertn) utilizando marcadores RAPD. **Afr. J. Biotechnol., 9(29):** 4542-4549.

Kurien, P.P., K. Joesph, M. Swaminathan e V. Subramaniyam. 1959. A distribuição de nitrogénio, cálcio e fósforo entre a casca e o endosperma do ragi *(Eleusine coracana).* **Food**

**Sci., 8:** 353-355.

Litt, M. e J.M. Lutty. 1989. Um microssatélite hiper variável revelado pela amplificação *in vitro* de uma repetição de dinucleótido no gene de ação do músculo cardíaco. **Am. J. Hum. Genet., 44:** 397-401.

Lu, H. e R. Bernardo. 2001. Diversidade de marcadores moleculares entre linhagens de milho actuais e históricas. **Theor. Appl. Genet., 103:** 613-617.

Maclean, N. 1973. Suggested mechanism for increase in size of the genome. **Nature New Biol, 246:** 205-206.

Man, E.V. e R.H. Nieman. 1978. Fisiologia da tolerância das plantas à salinidade. **Crop tolerance to sub-optimal land conditions:** 277.

Manifesto, M.M., A.R. Schlatter, H.E. Hopp e J. Dbcovsky. 2001. Quantitative evaluation of genetic diversity in wheat germplasm using molecular markers (Avaliação quantitativa da diversidade genética no germoplasma de trigo utilizando marcadores moleculares). **Crop Sci., 41:** 682-690.

Mann, H.H. 1946. Millets in the Middle East. **Emp. J. Exp. Agr., 14:** 208-16.

Mann, H.H. 1950. Systematic and nomenclature of the millets. **Zuchter, 22:** 304-15.

Masi, P., P.L.S. Zeuli e P. Donini. 2003. Desenvolvimento e análise de conjuntos de marcadores microssatélites multiplex em feijão comum *(Phaseolus vulgais* L.) **Mo. Breed., 11:** 303-313.

Mathan, K.K. e K.C. Rao. 1982. O controlo e a absorção de magnésio pelo ragi *(Ele usine coracana* (L.) Gaertn.), influenciados pelo tipo de solo e pela aplicação de magnésio, potássio e cal. **Madras Agric. J., 69:** 234-242.

Mc Donald, D.B. e W.K. Potts. 1997. DNA microsatellites as genetic markers for several scales. In:(Ed.) Mindell, D.P. Avian molecular evolution and systematic. Academic press, **San Diego:** 29-49.

Mehra, K.L. 1963a. Consideração sobre a origem africana de *Eleusine coracana* (L.) Gaertn. **Curr. Sci., 32:** 300-301.

Mehra, K.L. 1963b. Differentiation of the cultivated and wild *Eleusine* species. **Phyton, 20:** 189-198.

Mignouna, H.D., N.Q. Ng, J. Ikea e G. Thottappilly. 1998. Genetic diversity in cowpea as revealed by random amplified polymorphic DNA. **J. Genet. Breed., 52:** 151-159.

Mohan, N., S. Nair, A. Bhagwat, T.G. Krishna, M. Yano, C.R. Bhatia e T. Sasaki. 1997. Mapeamento do genoma, marcadores moleculares e seleção assistida por marcadores em plantas cultivadas. **Mol. Breed., 3:** 87-103.

Munns, R. e Termaat. 1986. Respostas de toda a planta à salinidade. **Aust. J. Pl. Physiol., 13:** 143-160.

Murashige, T. e F. Skoog. 1962. Um meio revisto para crescimento rápido e bioensaio com cultura de tecidos de tabaco. **Physiol. Plant., 15:** 473-497.

Muza, F.R., D.J. Lee, D.J. Andrews e S.C. Gupta .1995. Variação do DNA mitocondrial em painço *(Eleusine coracana)*. **Euphytica, 81:** 199-205.

Mysore, K.S. e V. Baird. 1997. Conteúdo de ADN nuclear em espécies de *Eleusine (Gramineae):* A critical re-evaluation using laser flow cytometry. **Plant Syst. Evol., 207:** 1-11.

Narayanaswami, S. 1952. Microsporogénese e gametófito masculino em *Elusine coracana* (L.) Gaertn. **Curr. Sci., 21(1):** 19-21.

Conselho Nacional de Investigação. 1996. Lost crops of Africa; Volume I Grains. National Academy Press, Washington, DC.

Nieves, M.A.C. e M. Botella. 1991. Tolerância ao sal de dois rebentos de limoeiro medida pelos cloretos foliares e pela acumulação de sódio. **J. Plant Nutr., 14:** 623-636.

Onkware, A.O. 1993. A germinação, o crescimento e a produção de grãos de milheto *(Eleusin e coracana* (L.) Gaertn.) sob stress salino. **Indian J. Pl. Physiol., 36:** 77-81.

Panigarh, A.K., M.K. Misra e B.N. Misra. 1978. Effect of sodium chloride stress on seed germination and seedling growth of local varieties of ragi (*Eleusine coracana* (L.) Gaertn.). **Indian J. Ecol., 5:** 98-101.

Panse, V.G. e P.V. Sukhatme. 1964. Statistical methods for agricultural workers. Segunda edição, **ICAR**, Nova Deli.

Pearson, G.A., A.D. Ayers e D.C. Eberhard. 1966. Effect of saline water irrigation on germination and yield of rice. **Soil Sci., 102:** 151-160.

Porebski, S. e B.R. Bailey. 1997. Modificação do protocolo de extração de ADN com CTAB para plantas com elevado teor de polissacáridos e polifenóis. **Plant Mol. Bio. Reporter, 15:** 6-15.

Powell, W., M. Morgane, C. Andre, M. Hanafey, J. Vogel, S.V. Tingey e A. Rafalski. 1996. A comparação de marcadores RFLP, RAPD, AFLP e SSR para análise de germoplasma. **Mol. Breed., 2:** 225-238.

Power, S.L. e V.B. Mehta. 1997. Tolerância ao sal de diferentes variedades de arroz em condições de solo salino costeiro. **Ann. Agric. Res., 18:** 536-537.

Price, H.J. 1976. Evolução do conteúdo de DNA em plantas superiores. **Bot. Rev., 42:** 27-52.

Price, H.J. 1988a. Variação do conteúdo de DNA entre plantas superiores. **Ann. Missouri Bot. Gard., 75:** 1248-1257.

Price, H.J. 1988b. Variação do conteúdo de DNA nuclear em espécies de angiospermas. **Evol. Trends:** 1-2.

Queller, D.C., J.E. Strassman e C.R. Hughes. 1993. Microsatellites and Kinship. **Trends in Ecol. Evol., 8:** 285-288.

Rai, M. e S. Mauria. 1999. A composição nutricional do milho painço. In: Survey of Indian Agriculture. The Hindu Publication, Chennai: 55.

Raina, S.N. 1990. Organização e evolução do genoma no género Vicia. In:(Ed.) Kawano, S. Biological approaches and evolutionary trends in plants. **Academic Press, Londres:** 183-201.

Ram, K. 1996. Germinação, crescimento e desenvolvimento de genótipos de milheto *(Pennisetum americanum* (L.) leeke.) sob salinidade induzida por cloreto de sódio. **Tese de Mestrado (Ag.)** apresentada à BHU, Varanasi, Índia.

Ramachandra, G., T.K. Virupaksha e M. Shadaksharaswamy. 1977. R elação entre os níveis de tanino e a digestibilidade proteica *invitro* no painço. *(Eleusine coracana* (L.) Gaertn). **J. Agric. Fd. Chem., 25:** 1101-1104.

Ramayya, B., S.N. Rao e K.M. Khandelwal. 1987. Effect of saline irrigation water on crop production in coastal Andhra Pradesh. **J. Indian Soc. Coastal Agric. Res., 5:** 131-134.

Rao, A., e J. N. Mushonga. 1985. A catalogue of passport and characterization data of sorghum, pearl millet and finger millet germplasm from Zimbabwe. **International Board for Plant Genetic Resources, 1987:** 74.

Rao, K.E.P., J.M.J. De Wet, V. Gopal Reddy e M.H. Mengesha. 1993. In:(Eds.) Riley, K.W., S.C. Gupta, A. Seetharam e J.N. Mushonga. Advances in Small Millets, Diversity in the small millets collection at ICRISAT. **Oxford & IBH Publishing Co., Nova Deli:** 331-346

Reddy, M.P., N. Sarla e E.A. Siddiq. 2002. Inter Simple Sequence Repeats (ISSR) polymorphism and its application in plant breeding. **Euphytica, 128:** 9-17.

Rizwan, K.M., R.H. Qureshi, B. Ahmad e M.Q. Masood. 1994. Estudos comparativos de tolerância ao sal em diferentes especiarias vegetais (*Sesbania aegyptica, Sebania aculeate Eleusine coracana, Sorghum bicolor e Sorghum Sudanese*). **Pakistan J. Scientific and Industrial Res., 37:** 51-53.

Rohlf, J. 2000. NTSYSpc: Sistema de taxonomia numérica e análise multivariada. Versão 21. **Guia do utilizador, Exeter Software, Setauket,** Nova Iorque: 38.

Roussel, B., J. Koenig, M. Beeckert e F. Balfourier. 2004. Diversidade molecular em acessos de trigo panificável francês relacionada com tendências temporais e programas de melhoramento. **Theor. Appl. Genet., 108:** 920-930.

Salimath, S.S., A.C. De Oliveira, I.D. Godwin e J.L. Bennetzen. 1995. Avaliação das origens do genoma e da diversidade genética no género *Eleusine* com marcadores de ADN. **Genoma, 38:** 757-763.

Sankar, A.A. e G.A. Moore. 2001. Avaliação da análise de repetições de sequências inter-simples para mapeamento em citrinos e extensão do mapa de ligação genética. **Theor. Appl. Genet., 102:** 206-214.

Sankar, D., N. Subbaraman e S.L. Narayanan. 2006. Classificação das linhas de arroz tolerantes ao sal com base na germinação e no crescimento das plântulas em condições de stress salino. **Res. on Crops, 7(3):** 798-803.

Sankar, D., N. S ubbaraman e S.L. Narayanan. 2009. Avaliação de calos embriogénicos derivados de híbridos de arroz baseados na esterilidade masculina génica sensível à temperatura para tolerância ao sal. **J. Ecotoxicol. Environ. Monit., 19(3):** 219-224.

Sankara Rao e Y.G. Deosthale. 1983. Mineral composition, ionizable iron and soluble zinc in malted grains of pearl millet and ragi. **Food Chem, 11:** 217-223.

Sarma, D.A., D.R. Reddy, K. Venkatraju e P.G. Sastry. 1983. Efeito da irrigação com água salina na germinação e rendimento do ragi. **Curr. Agric. J., 7:** 18-24.

Schlotter, C. 1998. Microsatélites. In:(Ed.) Hoelzer, A.R. Molecular genetic analysis of populations: a practical approach. **IRL Press, Oxford:** 237-261.

Seetharam, K., S. Thirumeni e K. Paramasivam. 2008. Estimativa da diversidade genética em genótipos de arroz *(Oryza sativa* L.) utilizando marcadores SSR e caracteres morfológicos. **African J. Biotechnol, 8(10):** 2050-2059.

Shankar, A.G., K.N. Geetha, B.R. Yamunarai e T.K. Nagarathana. 2006. Zinc status in commonly consumed grains and vegetable: a molecular and fortified food processing techniques to enhance the content and bioavailability, International conference on Biotechnology approaches for alleviating malnutrition and human health, 9th to 11th January, 2006, University of Agricultural Science, Bangalore.

Shanmuganathan, M. 2001. Análise da estabilidade e rastreio *in vitro* do stress salino em diferentes híbridos nacionais de arroz *(Oryza sativa* L.). **Dissertação de Mestrado (Ag.)** apresentada à TNAU, Coimbatore.

Shannon, M.C. 1997. Adaptação das plantas à salinidade, **Adv. Agron., 60:** 75-120.

Sharma, M.K. 1993. Influência da salinidade no padrão e regulação da germinação em trigo, cevada e triticale. **Tese de Mestrado (Agri.)** apresentada ao Departamento de Fisiologia Vegetal, S.K.N. College of Agriculture, Raj. Agric. Univ., Bikaner, Índia.

Sharma, P.K., S.K. Varma, K.S. Datta, B. Kumar e R. Anguish. 1996. Resposta diferencial do trigo às salinidades de cloreto e sulfato na germinação e no crescimento inicial das plântulas. **Haryana Agric. Univ. J. Res., 26:** 17.

Singaram, P. 1994. Efeito da medula de coco como emenda para solos poluídos por curtumes. **Madras Agric. J., 81:** 548-549.

Singh, A.K. e R.A. Singh. 1999. Effect of salinity on sodium, potassium and proline content of chickpea genotypes. **Indian J. Plant Physiol, 4:** 111-113.

Singh, S., M. Thakur, V. Malik, L. Goyal e C.S. Pundir. 1998. Influence of NaCl stress on oxalate oxidase activity in germinating seeds of forage sorghum hybrid. **Indian J. Plant Physiol, 3:** 317-319.

Sinha, A. e A. Pande. 2010. Finger Printing of *Eleusine coracana* (L.) Gaertn. using Microsatellite Markers. **Bioresearch Bulletin, 2:** 51-58.

Slatkin, M. 1987. Gene flow and the geographic structure of natural populations. **Science, 236:** 787-792.

Smale, M. e T. Mc Bride. 1996. "Understanding global trends in the use of wheat diversity and international glows of wheat genetic resources." Parte 1 de CIMMYT 1995/96 World Wheat Facts and Trends: Understanding the Global Trends in the Use of Wheat Diversity and International Flows of Wheat Genetic Resources. México, D.F.: CIMMYT.

Smith, J.S.C., E.C.L. Chin, H. Shu, O.S. Smith, S.J. Wall, M.L. Senior, S.E. Mitchell, S. Kresovich e J. Zeigle. 1997. Uma avaliação da utilidade dos loci SSR como marcadores moleculares no milho (*Zea mays* L.): Comparações com dados de RFLPs e pedigree. **Theor. Appl. Genet., 95:** 163-173.

Sneath, P.H. e R.R. Sokal. 1973. Numerical taxonomy. Freeman and Company, São Francisco.

Srinivasachary, M., M. Dida, M.D. Gale e K.M. Devos. 2007. Comparative analyses reveal high level of conserved co-linearity between the finger millet and rice genomes. **Theor. Appl. Genet., 115:** 489-499.

Srivastava, J.P. 1998. Influência do stress da salinidade nas plantas cultivadas. **Adv. Pl. Physiol., 1:** 381-393.

Stark, C. 1985. Crescimento e regulação alcalina em variedades de arroz que diferem em resistência ao sal sob stress salino permanente. *Beitrage Zur Tropischev Laudwiurtschchaft and Veterinav medizin,* **23:** 33-38.

Stavarek, S.J. e D.W. R ains. 1984. Mechanisms for salinity tolerance in plants (Mecanismos de tolerância à salinidade em plantas). **Iowa State J. Res., 57:** 457-476.

Steward, C.R. e J.A. Lee. 1974. The role of proline accumulation in halophytes. **Plant Physiol, 120:** 276-289.

Sumathi, P., A. John Joel e V. Muralidharan. 2005. Capacidade de combinação e heterose para rendimento de grãos e seus traços componentes em milheto sob condições de irrigação. **Int. Sorghum and Millets Newsl., 46:** 92-95.

Tachida, H e M. lizuka. 1992. Persistência de sequências repetidas que evoluem por deslizamento de replicação. **Genetics, 131:** 471-478.

Tam, D.M. e N.T. Lang. 2003. Seleção *in vitro* para tolerância ao sal em arroz. **Omonrice 11:** 68-73.

Taneja, R., S.K. Varma, J. Dayal e K.S. Datta. 1992. Effect of kinetin on water relation, photosynthesis, respiration, chlorophyll and nucleic acid content of wheat grown under salinity. **Biol. Plant, 34:** 85-91.

Tanskley, S.D., N.D. Young, A.H. Paterson e M.W. Bonierbale. 1989. Mapeamento RFLP no melhoramento de plantas. New tools for an old science. **Biotechnol., 7:** 257-264.

Tautz, D., M. Trick e G.A. Dover. 1986. Cryptic simplicity in DNA is a major source of genetic variation. **Nature, 322:** 652-656.

Torres, W. e I. Echevarria. 1994. Germinação e crescimento de plântulas de arroz em diferentes concentrações de Nacl. **Cultivares Tropicais, 15:** 44-47.

Udayasekhara, P. e Y.G. Deosthale. 1988. Disponibilidade *in vitro* de ferro e zinco em ragi branco e colorido *(Eleusine coracana):* papel do tanino e do fitato. **Plant food Hum. Nutr., 38:** 35-41.

Uma, S., G.T. Prasad e M.U. Kumar. 1995. Variabilidade genética na recuperação do crescimento e síntese de proteínas de stress em resposta ao polietilenoglicol e ao stress salino no painço. **Annals. Bot., 76:** 43-49.

Vadivel, A., P. Singaram, A. Rajarajan, P. Savathiry e T.M. Thiyagarajan. 2001. Saline soil and land management, Dept. of Soil and Agric. Chem. and Crop Management center, TNAU, Coimbatore.

Varshney, R.K., A. Kumar, H.S. Balyan, J.K. Roy, M. Prasad e P.K. Gupta. 2001. Characterization of microsatellites and development of chromosome specific STMS markers in bread wheat. **Plant Mol. Biol. Rep., 18:** 5-16.

Vavilov, N.I. 1951. A origem, variação, imunidade e reprodução de plantas cultivadas. **Chronica. Bot., 13:** 1-366.

Wang, G., R. Mahalingan e H.T. Knap. 1998. (C-A) e (G-A) Anchored Simple Sequence Repeats (ASSR) geraram polimorfismo na soja *(Glycine max* L.) **Theor. Appl. Genet., 96:**

1086-1096.

Wang, M.L., N.L. Barkley, Y. Ju-Kyung, R. Dean, M. Sorrells e G.A. Paderson. 2005. Transferência de si mple sequence repeat (marcadores SSR) das principais culturas de cereais para espécies de gramíneas menores para caraterização de germoplasma e avaliação. **Plant Genetic Resources, 3(1):** 45-57.

Watt, G. 1908. The commercial product of India. Ohn MurrY, Londres.

Weising, K., H. Nybom, K. Wolff e W. Meyer. 1995. DNA finger printing in plants and fungi. **CRC press,** Boca Raton Ann Arbor London, Tokyo: 321.

Werth, E. 1937. Geography and history of millets. (em alemão) Zurgeographical und geschichte der hirsen. **Angewandte Botanik, 19:** 41.

Wolfe, A.D., Q.Y. Xiang e S.R. Kephart. 1998. Avaliação da hibridação em populações naturais de *Penstemon* (Scrophulariaceae) utilizando marcadores hipervariáveis de repetição de sequências simples. **Mol. Ecol., 7:** 1107-1125.

Xie, J.H., F.J. Zapata-Arias, M. Shen e R. Afza. 2000. Desempenho tolerante à salinidade e diversidade genética de quatro variedades de arroz. **Euphytica, 116:** 105-110.

Yu, J.K., M. La Rota, R. Kantety e M. Sorrels. 2004. Marcadores SSR derivados de EST para mapeamento comparativo em trigo e arroz. **Mol. Genet. Genomics, 271:** 742-751.

Zietkiewicz, E., A. Rafalski e D. Labuda. 1994. Genome fingerprinting by Simple Sequence Repeat (SSR) anchored Polymerase Chain Reaction amplification. **Genomics, 20:** 176-183.

*** Ori ginals não vistos**

# ANEXO 1

## COMPOSIÇÃO, PREPARAÇÃO E VOLUME DA SOLUÇÃO-MÃE UTILIZADA PARA PREPARAR UM LITRO DE MEIO BASAL MS

| Name of the stock solution / chemicals added directly | Final concentration / litre of medium | Stock / 250 ml | Quantity to be disposed for 1 litre of MS medium | ½ MS medium |
|---|---|---|---|---|
| **Macro nutrients** | | | | |
| $NH_4NO_3$ | 1.65 g | 16.5 g | 25 ml | 12.5 ml |
| $KNO_3$ | 1.90 g | 19.0 g | | |
| $MgSO_4.7H_2O$ | 0.37 g | 3.70 g | | |
| $KH_2PO_4$ | 0.17 g | 1.70 g | | |
| $CaCl_2$ | 0.44 g | 4.40 g | 25 ml | 12.5 ml |
| **Micro nutrients** | | | | |
| $MnSO_4.H_2O$ | 22.3 mg | 223 mg | 25 ml | 12.5 ml |
| $ZnSO_4.7H_2O$ | 8.60 mg | 86.0 mg | | |
| $H_3BO_3$ | 6.20 mg | 62.0 mg | | |
| KI | 0.83 mg | 8.3 mg | | |
| $Na_2MoO_4.2H_2O$ | 0.25 mg | 2.5 mg | | |
| $CuSO_4.5H_2O$ | 0.025 mg | 0.25 mg | | |
| $CoCl_2.6H_2O$ | 0.025 mg | 0.25 mg | | |
| **Iron source** | | | | |
| Fe EDTA | 40.0 mg | 1.0 g | 10 ml | 5 ml |
| **Vitamins** | | | | |
| Nicotinic acid | 0.50 mg | 12.5 mg | 10 ml | 5 ml |
| Pyridoxine | 0.50 mg | 12.5 mg | | |
| Thiamine HCl | 0.10 mg | 2.50 mg | | |
| Glycine | 2.0 mg | 50.0 mg | | |
| **Chemicals added freshly** | | | | |
| Sucrose | - | - | 30 g | 15 g |
| Myo-inositol | | | 0.10 g | 0.05 g |
| Agar | | | 9 g | 9 g |

# ANEXO 2

## REAGENTES UTILIZADOS PARA A EXTRACÇÃO DE ADN

### 2 X tampão CTAB (1 litro)

- 20 g de CTAB dissolvidos em 860 ml de água bidestilada
- 81,82 g de NaCl
- 100 ml de Tris 1 M (pH 8,0)
- 40 ml de EDTA 0,5 M (pH 8,0)
- Agitar bem e esterilizar em autoclave a 15 libras de pressão durante 18 minutos

### 1 M Tris pH 8,0 (1 litro)

- 121,1 g de base Tris dissolvidos em 700 ml de água bidestilada
- Base Tris bem dissolvida e vol ume completado até 900 ml
- pH ajustado a 8,0 com HCl concentrado (cerca de 50 ml)
- Volume completado até 1000 ml com água bidestilada
- Esterilizado por autoclavagem a 15 libras de pressão durante 18 minutos

### 0,5 M EDTA pH 8,0 (1 litro)

- 186,12 g de EDTA dissolvidos em 750 ml de água bidestilada
- Adicionou-se lentamente cerca de 20 g de NaOH em pellets
- Adicionou-se mais NaOH até o pH atingir 8,0
- Volume completado até 100 ml com água bidestilada
- Esterilizado por autoclavagem a 15 libras de pressão durante 18 minutos

### Tampão TE (1 litro)

- 10 ml de Tris 1M pH 8,0 (10 mM)
- 2 ml de EDTA 0,5 M pH 8,0 (1 mM)
- Volume completado até 1000 ml com água bidestilada
- Esterilizado por autoclavagem a 15 libras de pressão durante 18 minutos

## Acetato de sódio 3 M pH (1 litro)

- 408,24 g de acetato de sódio em 800 ml de água bidestilada
- pH ajustado com ácido acético glacial
- Volume completado até 100 ml com água bidestilada
- Esterilizado por autoclavagem a 15 libras de pressão durante 18 minutos

## RNAse

- 10 mg de RNAse dissolvidos em 1 ml de tampão TE
- A mistura foi pré-aquecida a 80°C durante 10 minutos para inativar as ADNses

## Clorofórmio: Álcool isoamílico (500 ml)

- 480 ml de clorofórmio
- 20 ml de álcool isoamílico

## Isopropanol gelado

- Foi utilizado isopropanol armazenado no frigorífico.

## Etanol - 100% e 70%

# ANEXO 3

# PROCEDIMENTO DE EXTRACÇÃO DE ADN

## Preparação da amostra

❖ Foram recolhidas folhas jovens e frescas com 15-20 dias de idade, que foram utilizadas para a extração de ADN.

## Extração com CTAB

❖ As amostras recolhidas foram extraídas utilizando um tampão CTAB pré-aquecido.

❖ Foram adicionados cerca de 450µl de tampão.

❖ As amostras extraídas foram incubadas no banho-maria durante 45 minutos a 65°C.

## Extração por solventes

❖ Após a incubação, foram adicionados cerca de 450µl de clorofórmio: Álcool isoamílico (24:1) e invertido duas vezes.

❖ Foi mantida na centrifugadora durante 10 minutos a 5500 rpm.

❖ Em seguida, a camada aquosa foi retirada e transferida para novos tubos eppendorf.

## Formação de pellets de ADN

❖ Adicionou-se isop ropanol gelado (duas vezes o volume do sobrenadante) aos tubos eppendorf que continham o sobrenadante e deixou-se conservar durante a noite a -20°C, centrifugando-se novamente a 5500 rpm durante 20 minutos na manhã do dia seguinte.

❖ O sobrenadante foi eliminado e o sedimento depositado no fundo foi deixado a secar ao ar durante 30 minutos.

❖ Ao sedimento foram adicionados 100 µl de tampão TE em cada amostra e mantidos a -20°C para utilização a longo prazo.

# ANEXO 4

## MISTURA DE REACÇÃO PCR PARA O MARCADOR ISSR

| **Componentes** | **Alíquota (µl)** |
|---|---|
| ADN | 2.0 |
| Tampão Taq (10 X) | 1.5 |
| dNTP's (10 mM) | 0.3 |
| $MgCl_2$ (25 mM) | 0.3 |
| Cartilha | 3.0 |
| Água esterilizada | 7.6 |
| Taq DNA polimerase | 0.3 |
| **Total** | **15.0** |

A mistura de reação foi girada momentaneamente para uma mistura completa dos componentes do cocktail. Em seguida, os tubos de PCR de 0,2 ml foram colocados num termociclador, PTC-100 da MJ Research, Inc

# ANEXO 5

## MISTURA DE REACÇÃO PCR PARA O MARCADOR SSR

| **Componentes** | **Alíquota (µl)** |
|---|---|
| ADN | 2.0 |
| Tampão Taq (10 X) | 1.5 |
| dNTP's (10 mM) | 0.3 |
| $MgCl_2$ (25 mM) | 0.3 |
| Primário direto | 1.5 |
| Primário inverso | 1.5 |
| Água esterilizada | 7.6 |
| Taq DNA polimerase | 0.3 |
| **Total** | **15.0** |

A mistura de reação foi girada momentaneamente para uma mistura completa dos componentes do cocktail. Em seguida, os tubos de PCR de 0,2 ml foram colocados num termociclador, PTC-100 da MJ Research, Inc

# ANEXO 6

## MATERIAIS PARA ELECTROFORESE EM GEL DE AGAROSE

### TBE 10X (Tampão de Tris Borato)

- ✓ Dissolveu-se uma quantidade de 109 g de base Tris e 55 g de ácido bórico, um a um, em 800 ml de água destilada.
- ✓ Foi adicionada uma quantidade de 40 ml de EDTA 0,5 M (pH 8,0) e o volume foi completado para 1000 ml com água destilada.
- ✓ Esta solução foi autoclavada e armazenada a 4°C. Para a solução de trabalho (tampão TBE 1X), a solução-mãe foi diluída 10 vezes com água destilada.

### Agarose

- ✓ Foi utilizada agarose a 0,8% para o ADN genómico.
- ✓ 1,5 % e 3% para os produtos ISSR e SSR PCR, respetivamente.

### Solução de coloração

- ✓ Dissolveu-se uma quantidade de 100 mg de brometo de etídio em 10 ml de água destilada.
- ✓ O tubo foi embrulhado em folha de alumínio e armazenado a 4°C.

### Carregamento de corante

- ✓ Azul de bromofenol - 0,025 g
- ✓ Sacarose - 4 g
- ✓ TBE - 10 ml

### Unidade de eletroforese, Unidade de alimentação, Tabuleiro de fundição, Pente.

# ANEXO 7

# PROCESSO DE ELECTROFORESE EM GEL DE AGAROSE

- A placa de moldagem em gel e o pente foram lavados com água destilada e limpos com álcool a 70%; as duas extremidades abertas da placa de moldagem em gel Pyrex foram seladas com fita adesiva e colocadas numa plataforma horizontal perfeitamente nivelada.

- Adicionou-se agarose a 1,5 ou 3 por cento a TBE 1X, fervendo-se até a agarose se dissolver completamente e arrefecendo-se depois a 50-60°C. O brometo de etídio foi utilizado como agente de coloração a uma concentração final de 1 μg/ml.

- Em seguida, a solução foi vertida no tabuleiro de moldagem do gel, o pente foi colocado corretamente e o gel foi deixado a solidificar durante 30 minutos.

- Após a solidificação da agarose, o pente e a fita-cola foram retirados.

- O gel de moldagem foi colocado na unidade de eletroforese com os poços virados para o cátodo e submerso em TBE 1X até uma profundidade de cerca de 1 cm.

- As amostras de ADN (10 μl) foram bem misturadas com 3,0 μl de corante de carga e colocadas nos poços do gel.

- O gel foi colocado a 100 volts durante 3 horas e as bandas foram visualizadas e documentadas no sistema de documentação do gel (Alpha imager ™ 1200. Alpha Innotech Corporation, Califórnia, EUA).

MIX
Papier aus verantwortungsvollen Quellen
Paper from responsible sources
FSC® C105338

Printed by Books on Demand GmbH, Norderstedt / Germany